U0255583

KNOWLEDGE ENCYCLOPEDIA

Original Title: Knowledge Encyclopedia Dinosaur!

北京市版权登记号：图字01-2017-6298
审图号：GS（2018）2892号

图书在版编目（CIP）数据

DK恐龙知识大百科 / 英国DK公司编；邢立达，李锐媛译.—北京：中国大百科全书出版社，2018.10
书名原文：Knowledge Encyclopedia Dinosaur!
ISBN 978-7-5202-0314-2

Ⅰ.①D… Ⅱ.①英… ②邢… ③李… Ⅲ.①恐龙—少儿读物 Ⅳ.①Q915.864-49

中国版本图书馆CIP数据核字（2018）第161879号

译　　者：邢立达 李锐媛

策 划 人：武　丹
责任编辑：王　杨
封面设计：邹流昊

DK恐龙知识大百科
中国大百科全书出版社出版发行
（北京阜成门北大街17号　邮编 100037）
http://www.ecph.com.cn
新华书店经销
惠州市金宣发智能包装科技有限公司
开本：889毫米×1194毫米　1/8　印张：26
2018年10月第1版　2023年6月第8次印刷
ISBN 978-7-5202-0314-2
定价：198.00元

For the curious
www.dk.com

混合产品
纸张 | 支持负责任林业
FSC® C018179

DK

KNOWLEDGE ENCYCLOPEDIA

恐龙知识大百科

邢立达　李锐媛　译

中国大百科全书出版社

目录

恐龙

三叠纪生命

侏罗纪生命

白垩纪生命

新生代生命

比例和大小

每种史前动物的数据框中有着表示大小（通常是最大值）的比例图。参照物为成年男子的平均身高和手的长度。

恐　龙

演化给生物界带来了令人眼花缭乱的多样性。但凭借繁多的种类、庞大的身体和压倒性的恢宏气势，已经灭绝的恐龙让大多数其他物种都望尘莫及。恐龙在中生代里雄霸地球1.5亿多年，它们的后裔今天依然生活在我们周围。

前寒武纪

46亿~5.41亿年前

这段漫长的时期始于46亿年前的地球形成之初，延续至演化出第一批古老生物的年代。

地球上的生命

中生代的恐龙是地球史上最惊人的动物。它们是演化道路上的杰作，这条漫漫长路始于38亿年前闪现的第一缕生命之光。生命经历了30亿年才超越了微小的单细胞形态。最古老的多细胞生物于6亿年前出现在海洋之中，并成为此后所有生物的祖先。但随着新生命形态的演化，更古老的生物渐渐消失。有时，灾难性的大灭绝会使生物界发生翻天覆地的变化。

泥盆纪

4.19亿~3.59亿年前

这个时代里出现了很多新的鱼类，其中一些登上陆地，成为早期两栖动物。

镰甲鱼
这种盾皮鱼身长35厘米，有着宽而扁平的脑袋。

提塔利克鱼
这种鱼的解剖结构既有鱼类的特征，又有早期两栖动物的特征。

古花
鹅掌楸低矮的祖先，也是最古老的开花植物之一。它们生长于约1亿年前的白垩纪中期，花朵很像木兰。

白垩纪

1.45亿~6600万年前

白垩纪见证了第一株开花植物和多种恐龙的诞生。它终结于一场使所有大型恐龙和翼龙消失殆尽的大灭绝，这场灭绝也为中生代画上了句号。

2.01亿~1.45亿年前

在中生代的第二个纪元里，恐龙成为陆地霸主，其中包括巨大的植食者，也有捕食它们的强大掠食者。

冰脊龙
这种长有脊冠的恐龙属于兽脚类。兽脚类中包含了所有大型肉食性恐龙。

图例

- 早期地球
- 古生代
- 中生代
- 新生代

地质年代

岩石中的化石记录着漫漫生命史。岩石曾是柔软的沉积物，如淤泥。这种沉积岩逐层形成，岩层历史从上到下依次增加。每一个岩层都代表着一段以百万年计数并命名的地质年代。这里使用的是以“纪”为单位的地球地质年代表，多个纪组成的时间单位称为“代”。

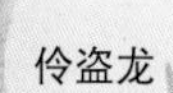

伶盗龙
恐龙的种类在白垩纪中大幅增加，这种长有羽毛的猎手小巧敏捷，它们所属的类群正是鸟类的祖先。

古近纪

6600万~2300万年前

终结了中生代的大灭绝让恐龙退出了历史舞台，只有鸟类逃出生天。在新的纪元里，哺乳动物演化出了更巨大的形态，取代了消失的庞然大物。

寒武纪

5.41亿~4.85亿年前 这一时期处于古生代之初。硬壳海洋生物形成的化石开始变得常见。

奥陶纪

4.85亿~4.43亿年前
这个时期里出现了很多鱼类和无脊椎动物，如三叶虫。

马尔三叶形虫，一种有壳的海洋生物

一种盾皮鱼

志留纪

4.43亿~4.19亿年前
最初的绿色植物出现于志留纪，这种植物生活在陆地上，结构非常简单。

石炭纪

3.59亿~2.99亿年前
陆地上的生命开始欣欣向荣。早期树木、蕨类、苔藓类和木贼类组成了茂密的森林。昆虫和蜘蛛开始出现在地球上，成为大型两栖动物的猎物。

鳞木
这种早期的树木可以长到30米以上。

巨脉蜻蜓

二叠纪

2.99亿~2.52亿年前
最初的爬行动物和现代哺乳动物的祖先都出现于二叠纪。但是，二叠纪以一场灾难性的大灭绝落下帷幕，96%的物种都毁灭了，古生代也就此结束。

异齿龙
这种奇怪的有着背帆的动物看似爬行类，但实际上是二叠纪哺乳动物祖先的亲戚。

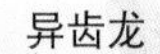

三叠纪

2.52亿~2.01亿年前
生命历经数千万年的演化才从二叠纪的灭绝中恢复过来。在三叠纪末期，地球上诞生了最初的恐龙以及最古老的翼龙和哺乳动物。

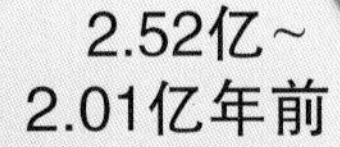

真双型齿翼龙
真双型齿翼龙等早期翼龙和乌鸦差不多大小，但尾部很长，牙齿也非常锐利。

侏罗纪

新近纪

2300万~260万年前
在古近纪之后的新近纪中，地球上出现了很多现代哺乳动物和鸟类。在400万年前，东非居住着直立行走的人类远祖。

尤因他兽
在新生代早期，犀牛大小的尤因他兽是巨型植食性动物。

第四纪

260万年前至今
世界进入了漫长的冰河时代，其中穿插着像现在这样比较温暖的时期。20万年前，现代人类出现于非洲，随后分布到了世界各地。

尼安德特人
体格健壮的尼安德特人适应了寒带的生活，他们可能消失于3万年前。

脊椎动物

大约 5.3 亿年前，地球上所有的动物都还没有脊椎，如没有内骨骼的蠕虫、蜗牛和螃蟹。但是之后，海洋里出现了一个新的物种，被称为脊索的坚硬棍状结构强化了它们的身体。脊索后来演化成了脊柱，即由多个脊椎骨构成的链状结构。最先诞生的脊椎动物是鱼类，部分鱼类成为所有脊椎动物的祖先，后来的脊椎动物包括两栖动物、爬行动物、鸟类和哺乳动物。

脊椎动物的演化

所有脊椎动物都是鱼类的后裔。一个硬骨鱼类群演化出了可以当作腿使用的肉质鱼鳍，其中一些更是成为最初的四足动物。两栖动物是最古老的脊椎动物，随后出现了哺乳动物和爬行动物。爬行动物中的主龙类包括鳄类、翼龙、恐龙和鸟类。

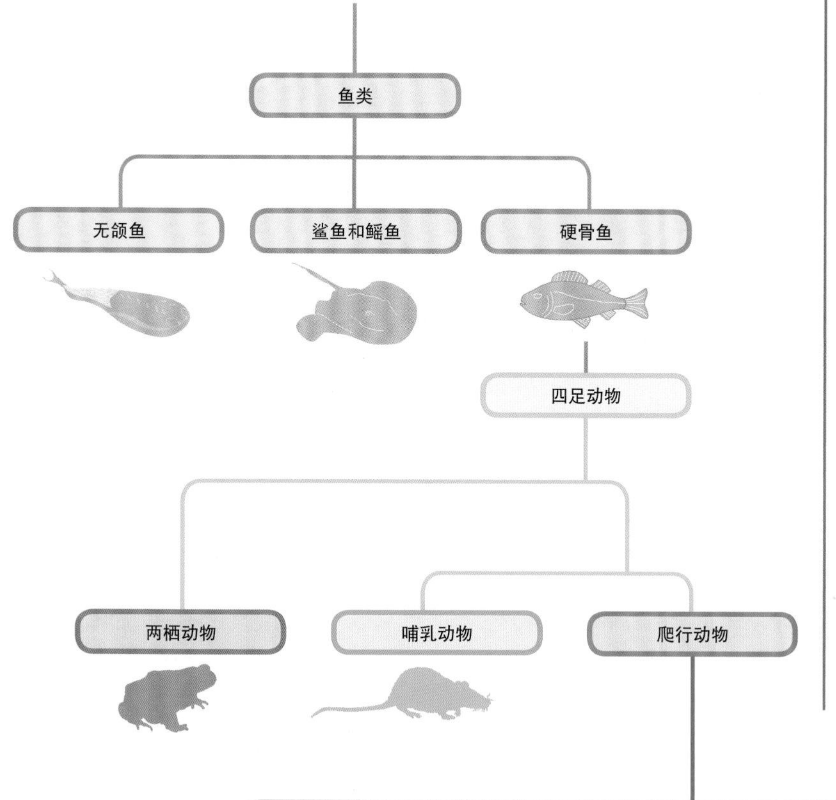

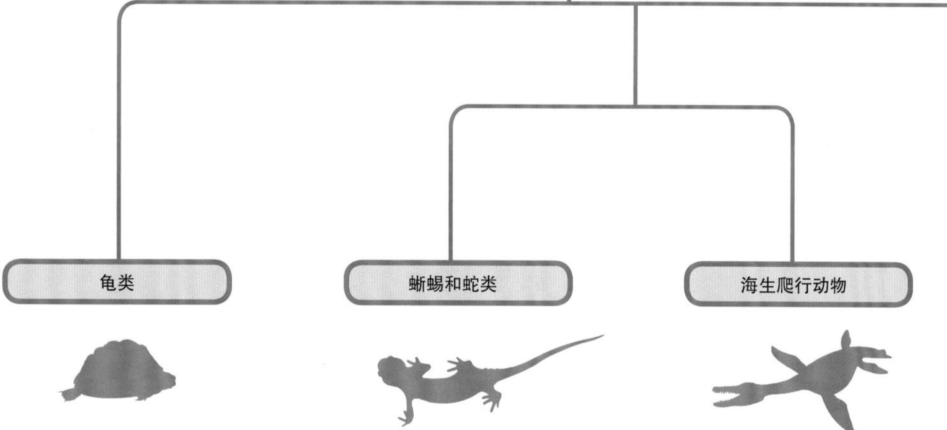

脊椎动物的分类

我们通常认为脊椎动物是指鱼类、两栖动物、爬行动物、鸟类和哺乳动物。但是，鸟类也可以分入主龙类，这类爬行动物中包括和鸟类亲缘关系最近的动物——已经灭绝的恐龙。

始祖兽

哺乳动物
哺乳动物是温血、有毛且以乳汁喂养幼崽的动物。始祖兽这种小小的食虫者生活在约1.25亿年前。

罗福鱼

鱼类
鱼类其实包括3种差异极大的动物——原始的无颌鱼、鲨鱼和鳐鱼、典型的硬骨鱼。

齐椎蜥

爬行动物
齐椎蜥等爬行动物的历史约达3亿年。它们有防水的鳞状皮肤，这一点和两栖动物不同。

鱼石螈

两栖动物
鱼石螈是最古老的两栖动物之一。两栖动物是指呼吸空气，但通常在淡水里繁殖的动物，比如蛙类。

鲨齿龙

主龙类
这类爬行动物在过去包括鳄类、翼龙和恐龙，鸟类也是其中一员。

脊椎动物在所有现生动物中仅占 3%。

四足动物

少数鱼类，比如今天的肺鱼，有4条似腿的强壮肉质鳍。约3.8亿年前，生活在淡水沼泽里的部分肉鳍鱼类开始爬到岸上寻找食物，这就是最早的四足动物。产卵的时候它们会返回水中，这同大部分现生两栖动物一样。这些鱼类是所有陆生脊椎动物的祖先。

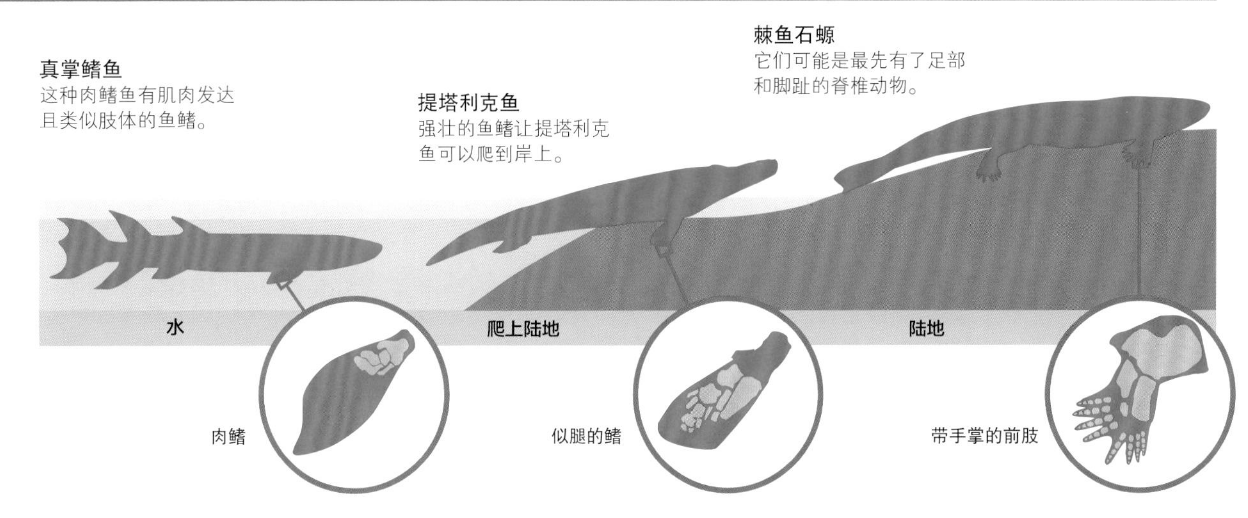

强壮的骨骼

海生爬行动物等水生脊椎动物的身体由水体来承托，因此它们的骨骼主要用于固定肌肉。但是，其中部分种类的骨骼也可以在陆地上为其支撑体重。这些动物的骨骼更加强壮，而且由承重关节连接。这种变化为演化出包括大型恐龙在内的陆生脊椎动物创造了条件。

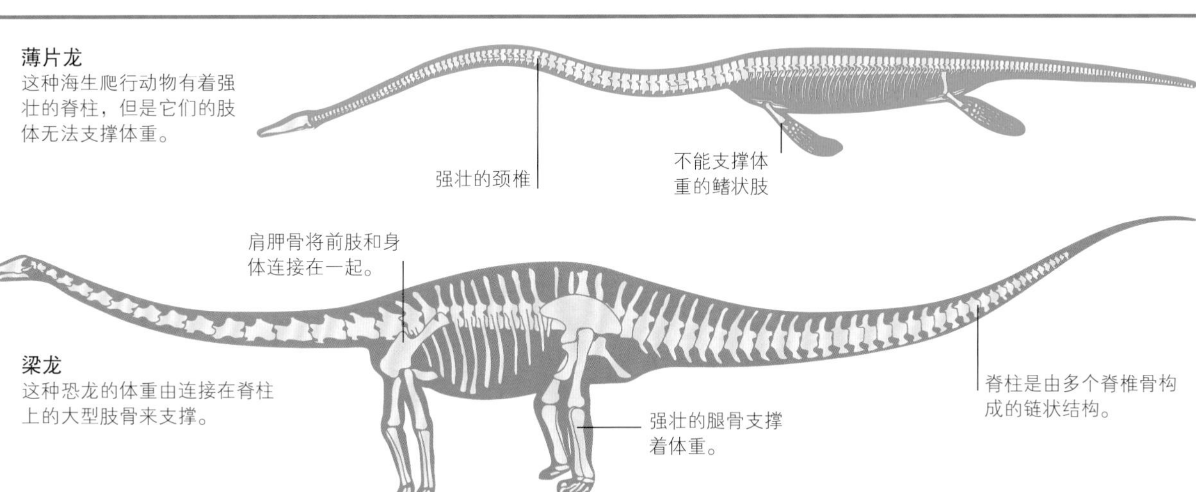

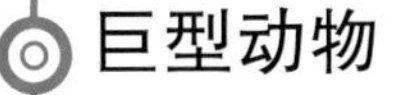

巨型动物

最巨大的陆生动物都属于脊椎动物，因为沉重的陆生动物需要强壮的内骨骼来支撑体重。但是支撑也有限度，巨大的阿根廷龙的体重可能达到了陆生动物的极限。脊椎动物中只有蓝鲸的重量能超越阿根廷龙。

恐龙是什么？

第一只恐龙出现于2.35亿年前的中三叠世。它们的祖先是瘦长的小型主龙类爬行动物，肢体像哺乳动物一样位于身体下方。恐龙继承了这种站立行走的姿势，这也是它们能够如此巨大的原因之一。包括所有肉食者在内的很多恐龙都用两条腿行走，用长尾巴来保持平衡。但是，大部分大型植食性恐龙都是四足动物。恐龙也具有现生脊椎动物所拥有的各种解剖学特征。

恐龙内部构造

久远的生存年代让人们先入为主地认为中生代的恐龙非常原始，这可是大错特错。恐龙繁衍了1.7亿年，其解剖结构在这段时间里演化到了最精细的程度。它们的骨骼、肌肉和内脏都同现生动物一样高效。因此，诸如君王暴龙之类的恐龙们才能演化成空前绝后的陆生奇观。

腰带骨
暴龙巨大的腰带骨极为结实。

皮肤
恐龙的皮肤有鳞片或覆盖着一层羽毛。

尾部
大部分中生代的恐龙都有肌肉发达的多骨长尾。

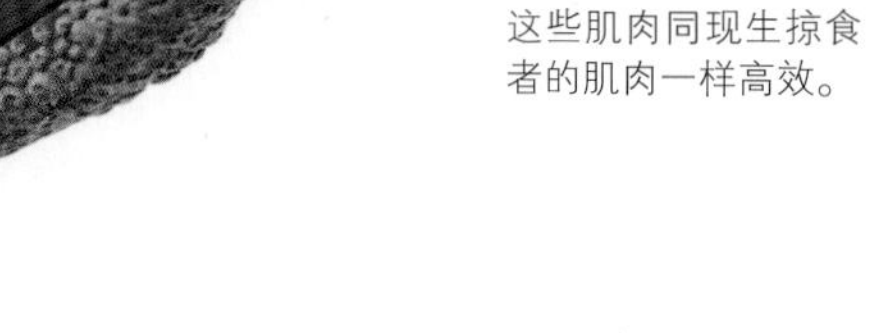

大腿肌肉
这些肌肉同现生掠食者的肌肉一样高效。

后肢
修长的后肢让暴龙这样巨大的动物也能快速奔跑。

站立行走

所有恐龙骨骼化石的特征都表明它们是用直立在身体下方的肢体行走的。它们有铰接式的脚踝，大腿骨的顶部和人类一样向内成角并卡入开放的髋臼中。其他骨骼特征明确显示出了它们有着强壮的肌肉。

蜥蜴的站姿

蜥蜴四肢通常向外展开，不能很好地支撑体重，因此它们的腹部经常接触地面。

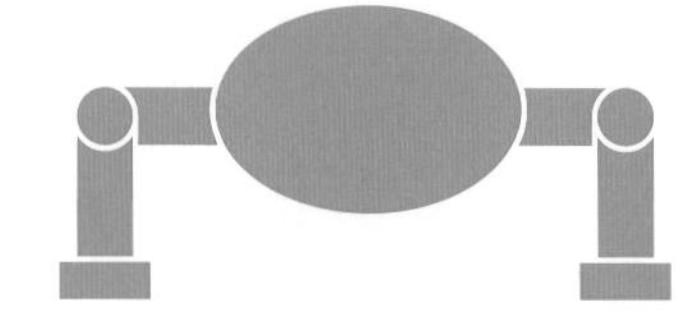

鳄类的站姿

鳄类站得比蜥蜴直挺，在需要快速移动的时候可以采用更有效率的“站立行走”姿势。

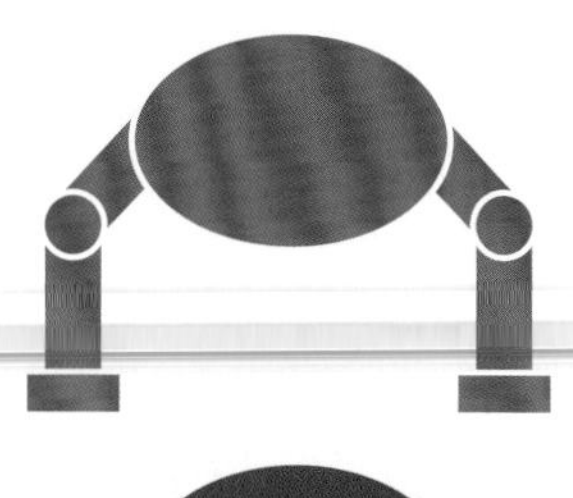

恐龙的站姿

所有恐龙都直立而站，它们的腿部可以充分支撑体重，这也是它们能够具有庞大体重的原因之一。

有的恐龙硕大无比，比如这只暴龙和长脖子的植食性蜥脚类恐龙，但**也有很多恐龙比鸡还小。**

谁不是恐龙?

中生代的恐龙与很多史前爬行动物一道分享着地球。这些动物包括多种海生爬行动物、鳄类及其近亲，以及飞翔的翼龙。翼龙的翅膀由伸展的皮膜构成。

海生爬行动物
中生代的海生爬行动物只是恐龙的远亲，其中包括形似海豚的鱼龙、形似鳄鱼的残暴沧龙和巨大的肉食性蛇颈龙，如长着巨大颌部的滑齿龙。

滑齿龙

翼龙
这些长着翅膀的爬行动物同恐龙一样，也属于主龙类大家族。早期的翼龙很小，但部分后期成员极为巨大。很多翼龙都有长着牙齿的长“喙”，比如这只生活在中侏罗世至晚侏罗世的喙嘴龙。

喙嘴龙

恐龙的多样性

恐龙在中三叠世诞生，之后很快就分成了两个大类——蜥臀类和鸟臀类。蜥臀类包括长脖子的植食性蜥脚形类和主要以肉类为食的兽脚类。鸟臀类由 3 个主要类群构成，它们又细分为 5 个类型——外貌夸张的剑龙类、身披铠甲的甲龙类、长着鸟嘴的鸟脚类、有头饰和角的角龙类和颅骨厚重的肿头龙类。

蜥臀类

蜥臀类的意思是“有着蜥蜴的臀部”，这表示此类恐龙的腰带骨与蜥蜴的类似。但有些成员并非如此，所以这个术语不太准确。一般来说，蜥臀类的脖子比鸟臀类长。

始盗龙

最初的恐龙

最古老的恐龙化石形成于 2.45 亿年前。虽然该化石只保存了骨骼碎片，但足以表明第一批恐龙是灵活小巧的动物。它们的外表应该类似恐龙的近亲——阿希利龙。它们可能以两足站立，这一点不同于阿希利龙。

阿希利龙

鸟臀类

鸟臀类恐龙长着由特殊颌部骨骼支撑的喙。这类恐龙的腰带骨与鸟类的类似，因此得到了这个“有着鸟类的臀部”的称呼。但鸟类本身却属于蜥臀类，这多少让人有些摸不着头脑。

虽然科学家已经发现了

800 多种恐龙，

但这肯定只占恐龙的一小部分。

棱齿龙

兽脚类

兽脚类几乎囊括了所有的掠食者，不过其中也有部分成员荤素通吃。它们都靠后肢行走，其中一些演化成了鸟类。这类恐龙的体形各异，既有身覆羽毛的小型动物，也有暴龙这种全副武装的巨型恐龙。

暴龙

蜥脚形类

梁龙是典型的蜥脚类恐龙，它们有长长的脖子和尾巴，依靠四肢行走。早期的原蜥脚类个头较小且为两足动物。这两类恐龙统称蜥脚形类，意思是“具有蜥脚类的形态”，而且它们都是植食性动物。

梁龙

肿头龙类

这种奇异的“厚骨头颅”恐龙是最神秘的鸟臀类恐龙之一。它们因头骨极厚而闻名，演化出这种头骨可能是为了让脑部免受撞击的伤害。

肿头龙

头饰龙类

角龙类

角龙类主要靠四肢行走，其中既包括原角龙等轻巧的成员，也包括著名的三角龙等大型成员。它们有始于头骨后方的巨大骨质头饰。

原角龙

鸟脚类

鸟脚类是最成功的鸟臀类恐龙之一，其中包括盔龙等高度特化的成员，它们有数百颗用于研磨植物的牙齿。

盔龙

剑龙类

剑龙类背部成排的骨板和尖刺让它们极易辨认。这种恐龙诞生于早侏罗世，到白垩纪时已经几乎彻底灭绝。它们用尾部的长长尖刺来防御天敌。

华阳龙

覆盾甲龙类

甲龙类

矮个子的甲龙类身披骨质甲板和尖刺，这些武器可以对付掠食者。部分甲龙类有沉重的尾锤，可以用作防御武器。

加斯顿龙

中生代生命

第一只恐龙诞生于中晚三叠世，这属于中生代的第一个阶段。这些恐龙起初只是动物界中微不足道的一分子。当时支配世界的是更加强大的爬行动物，比如波斯特鳄（见第 28~29 页）。三叠纪最末期的大灭绝为恐龙扫清了主要的竞争对手，它们很快就在侏罗纪和白垩纪演化成了最强大的陆生动物。当然它们并不孤独，还有很多生物也挺过了大灭绝，其中就包括给它们提供食物来源的植物。这些生物组成了被称为生态系统的生命之网，当时的生态系统和现在的大为不同。

气候变迁

中生代的全球气候比现在温暖得多。但是随着大陆移向南北或相互分裂，以及大规模火山喷发等事件对大气成分的改变，气候也在不断变化。

火山日落
火山喷入大气的尘埃遮挡了部分阳光，使气候变得寒冷。但是，空气里的尘埃也能让我们看到壮丽的日落。

大陆漂移

地球深处的热量让地壳下的灼热岩石不断移动。移动的岩石拉扯着脆弱的地壳，使其碎裂成多个大板块。板块上有些区域在慢慢分离，其他地方又在互相推挤。这个过程造成了地震和火山喷发，还通过将大陆移动到新的位置而不断重新塑造着地球环境，甚至用火山岩造就了新的陆地。

火山地貌
印度尼西亚的爪哇岛由火山岩构成，在其形成的数千万年间，有数不清的火山喷发。这幅图显示了部分岛屿上的少数几座火山，包括远处正在喷发的婆罗摩火山。

与恐龙为邻

中生代的动物多种多样，恐龙也只是其中一部分。当时的陆地上生活着昆虫和蜘蛛等小型无脊椎动物、蛙类等两栖动物、蜥蜴和鳄鱼等爬行动物、小型哺乳动物以及飞翔的翼龙。海洋里游弋着海生无脊椎动物、各种鱼类和众多海生爬行动物。

陆生无脊椎动物
中生代的森林里布满昆虫与其他无脊椎动物，它们是蜥蜴等动物的猎物。这具蜻蜓化石来自侏罗纪。

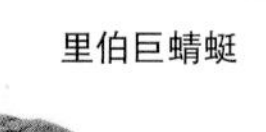

里伯巨蜻蜓

陆生爬行动物
很多鳄类和其他爬行动物都与恐龙生活在同一片天空下，三叠纪时期尤其如此。捕食鱼类的植龙类身长可达 2 米。

副鳄

海洋生物
鱼类遍布海洋，比如这条银鲛，它是鲨鱼的近亲。它们捕捉较小的鱼类和甲壳动物，同时也被更大的海生爬行动物捕食。

银鲛

飞行的爬行动物
翼龙演化于三叠纪。双型齿翼龙等部分早期翼龙并不擅长飞行，但是后来的成员都是飞行好手。一些翼龙有小型飞机那么大。

双型齿翼龙

时间线

恐龙出现于中晚三叠世，在中生代结束之前繁盛了 1.65 亿年。而新生代——我们的时代，还不及这个时间长度的一半，可见恐龙是多么成功的生物。

代	中生代		
纪	三叠纪	侏罗纪	
亿年前	2.52	2.01	1.45

绿色植物

中生代的植被和我们今日所见相差甚远。白垩纪之前的地球并无青草和花朵，只生长着极少的阔叶树和些许落叶树。因此在中生代的大部分时间里，地球上都没有广阔的草原，当时森林中的很多植物现在都已非常少见或已灭绝。

古生代的幸存者
很多诞生于古生代的植物都生存到了中生代，包括木贼类等原始的简单物种。

三叠纪的石松类
在三叠纪中，肋木类植物遍布全球。它们都属于石松类。

侏罗纪的苏铁类
中生代的植物有一部分已经灭绝。侏罗纪的本内苏铁类形似棕榈，但两者实际上完全不同。

白垩纪的树蕨类
滕普斯蕨是一种不同寻常的树蕨，它们的叶片从枝干侧边萌出，类似红杉。

恐龙之国
晚侏罗世的北美洲西部是一片苍翠密林，长脖子的蜥脚类恐龙享用着高大树木的叶片。而它们又是异特龙（上图左侧）等掠食者的食物。

大灾变

中生代结束于一场毁灭了大型恐龙、翼龙和诸多其他动物的大灭绝。罪魁祸首可能是撞击中美洲的小行星，它引发了一场大爆炸和全球混乱。但是，部分哺乳动物、鸟类和另外一些动物进入了新的纪元——新生代。

大部分有史以来
最惊人的动物
都出现于中生代。

白垩纪 | 新生代

0.66 | 0

三叠纪生命

在地球的漫长历史中，三叠纪始于一场混乱。当时的世界刚经历了一场全球之灾，很多生物就此灭绝，而恐龙、翼龙和海生爬行动物的祖先幸存了下来。

三叠纪世界

恐龙诞生于中生代的第一个时代——三叠纪。在这段从 2.52 亿年前延续至 2.01 亿年前的时间里，地球上的大部分陆地都还属于一整块被全球海洋包围的超大陆。这片巨大的陆块形成于上一个时代——二叠纪。二叠纪终结于一场灾难性的大灭绝，96% 的物种都毁于一旦，而在三叠纪中继续演化的动物都是幸存者的后裔。

泛大陆是一片巨大的 C 形陆块，在三叠纪时跨越地球南北，不过南极没有陆地。

北美洲

太平洋

南美洲

泛大陆由许多较小的大陆组成，这些大陆现在已经无法辨认。现代大陆的边界当时尚未形成。

三叠纪的大陆和海洋
2.52亿~2.01亿年前

超大陆

不断移动的地壳板块始终牵扯着各个大陆进行全球漂移。它们以各种方式分合数次，在约 3 亿年前的三叠纪时期组成了一块被称为泛大陆的超大陆。进入晚三叠世后，劈开陆地的特提斯海（又称古地中海）开始将它一分为二。

环境

三叠纪的环境与现在天差地别。首先，所有生物都还在努力从上个时代末期的大灭绝中恢复元气。陆地全部结合成一整块大陆，这也给气候带来了深远的影响。而且很多我们现在常见的植物在当时都还没有出现。

气候

三叠纪的全球平均温度比今天高。接近泛大陆中心的地区远离海洋，均为难见雨露的荒漠。大部分动植物都生活在气候潮湿温和的大陆边缘。

全球平均温度

℃
60
40
20
0

荒漠
很多可以追溯到三叠纪的岩石都曾是荒漠沙丘，与今天的撒哈拉沙漠如出一辙。它们诞生于泛大陆干旱的中心地带。

和煦的边缘
海洋给滨海地区带来了大量雨水，因此当地的气候也比较凉爽，为生命的繁衍创造了条件。

代	中生代		
纪	三叠纪	侏罗纪	
亿年前	2.52	2.01	1.45

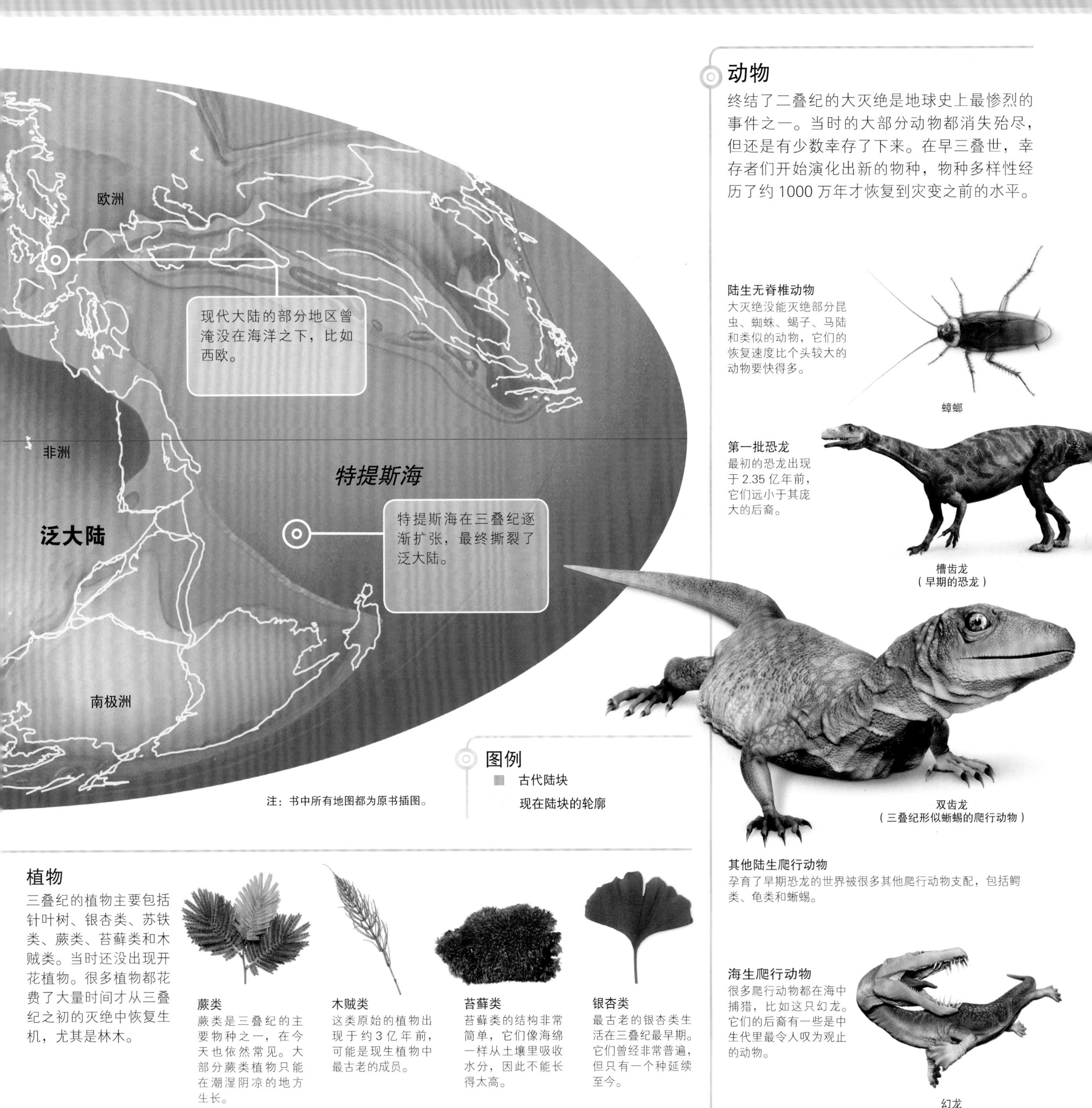

注：书中所有地图都为原书插图。

图例

- 古代陆块
- 现在陆块的轮廓

动物

终结了二叠纪的大灭绝是地球史上最惨烈的事件之一。当时的大部分动物都消失殆尽，但还是有少数幸存了下来。在早三叠世，幸存者们开始演化出新的物种，物种多样性经历了约 1000 万年才恢复到灾变之前的水平。

陆生无脊椎动物

大灭绝没能灭绝部分昆虫、蜘蛛、蝎子、马陆和类似的动物，它们的恢复速度比个头较大的动物要快得多。

蟑螂

第一批恐龙

最初的恐龙出现于 2.35 亿年前，它们远小于其庞大的后裔。

槽齿龙
（早期的恐龙）

双齿龙
（三叠纪形似蜥蜴的爬行动物）

其他陆生爬行动物

孕育了早期恐龙的世界被很多其他爬行动物支配，包括鳄类、龟类和蜥蜴。

海生爬行动物

很多爬行动物都在海中捕猎，比如这只幻龙。它们的后裔有一些是中生代里最令人叹为观止的动物。

幻龙

植物

三叠纪的植物主要包括针叶树、银杏类、苏铁类、蕨类、苔藓类和木贼类。当时还没出现开花植物。很多植物都花费了大量时间才从三叠纪之初的灭绝中恢复生机，尤其是林木。

蕨类

蕨类是三叠纪的主要物种之一，在今天也依然常见。大部分蕨类植物只能在潮湿阴凉的地方生长。

木贼类

这类原始的植物出现于约 3 亿年前，可能是现生植物中最古老的成员。

苔藓类

苔藓类的结构非常简单，它们像海绵一样从土壤里吸收水分，因此不能长得太高。

银杏类

最古老的银杏类生活在三叠纪最早期。它们曾经非常普遍，但只有一个种延续至今。

白垩纪	新生代
0.66	0

这种动物的化石来自**欧洲**、**中东地区**和**中国**。

长长的头部
幻龙的头部长而扁，而且颌部极长，类似现生鳄鱼。

灵活的颈部
幻龙可以在水中横向摆动颌部，以捕捉附近的鱼类。

幻龙

三叠纪的近岸浅海中生活着大量鱼类。幻龙类有着灵活的长脖子和针状齿，这让这种早期海生爬行动物为捕鱼谋生做好了万全的准备。

爪子
粗壮的爪子有利于抓住海岸上湿滑的岩石。

中生代海生爬行动物的祖先是呼吸空气的陆生动物，它们有强壮的四肢。幻龙类（比如幻龙）的身体也有着同样的基本构造，但是它们能够用蹼足和长有力的尾部游泳。尾部起着舵的作用。长且尖的牙齿非常适合捕捉滑溜溜的鱼，这可能是它们的主要食物。在不捕猎的时候，它们可能大部分时间都待在岸上。

海生爬行动物

幻龙

生存年代：2.45亿~2.28亿年前

栖息地：浅海

身长：1~3.5米

食物：鱼类和枪乌贼

三叠纪的海狮

与中生代后期的很多海生爬行动物不同，幻龙有强壮的四肢，可以使用和海狮十分相似的方式行走。它们也会像海狮一样在海中捕食，在海滩和布满岩石的海岸上休息。幻龙可能会在岸上筑巢，像现生海龟一样产蛋。

早期幻龙在海洋里捕猎的时候，**最古老的恐龙**也开始在陆地上漫游。

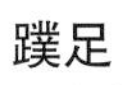

蹼足

每条粗短的肢体末端都有 5 根脚趾，而且和水獭一样趾间有蹼。这种蹼足在水中和陆地上都大有用处。

残暴的掠食者
残暴的掠食者，如波斯特鳄（见第28~29页），会觉得布拉塞龙非常美味。

植物切割者
眼眶后面的巨大开口上长着极为有力的颌部肌肉。颌部可以依靠上下前后移动将坚韧的植物切成碎片。

长牙
目前尚不清楚这对长牙的用途，可能是用于挖掘。

矮壮身体
这些健壮的矮个子有强壮的四肢。

布拉塞龙

布拉塞龙的体形和长牙都像河马，这些矮胖的植食者是晚三叠世最常见的大型动物之一。三叠纪也是孕育恐龙的时代。

在演化出植食性恐龙前的数百万年中，最成功的植食性动物是二齿兽类。它们的名字意为“两颗犬齿”，是指它们演化出了巨大的长长的上犬齿。布拉塞龙是最庞大的二齿兽类之一，体重不亚于一辆小型汽车的重量。除了长牙，它们还长有鹦鹉一样的喙，用于采食树叶和多汁的植物茎干。

健壮的前肢
健壮的前肢有5根有力的脚趾。

布拉塞龙是二齿兽类**最后的族裔**之一，二齿兽类最终灭绝于晚三叠世。

哺乳动物的祖先

布拉塞龙

生存年代： 2.2亿~2.1亿年前

栖息地： 平原

身长： 2~3.5米

食物： 植物

粗短的尾巴
尾巴虽然很粗，但比一般的爬行动物短得多。

充满力量的腿
行走时，布拉塞龙的后肢直立在身体下方。

哺乳动物的祖先

布拉塞龙等二齿兽类常被称为哺乳动物的祖先，但哺乳动物真正的祖先是二齿兽类的亲戚——犬齿兽类。它们都是下孔类这一脊椎动物谱系中的分支。在约2亿年前的石炭纪里，下孔类与爬行动物走上了不同的演化道路，当时世界上还没有恐龙的身影。

全能利齿
大部分始盗龙的牙齿都是弯曲尖锐的利刃，非常适合吃肉。但是，颌部前方的牙齿有较宽的牙冠，更接近植食性动物。因此，始盗龙可能是杂食性动物。

10 始盗龙的体重大约是10千克，差不多是一个幼童的平均重量，远远小于后来的恐龙。

长脖子
始盗龙有着蜥臀类恐龙典型的长脖子。

全方位视野
位于头部两侧的眼睛赋予了始盗龙全方位视野。

捕食蜥蜴
始盗龙可以轻而易举地捕捉蜥蜴等小型动物。

利爪
每只手掌上都有3根长着利爪的指和另外两根较短的指。

强壮的脚趾
始盗龙凭借3根强壮的脚趾站立，足部后方还有第四趾。

始盗龙

始盗龙是最古老的恐龙之一。它们是轻盈敏捷的小家伙，最多一只狐狸大小，生活方式可能也跟狐狸很像。当时的大部分恐龙都和始盗龙相差不远。它们后来才演化出了令人眼花缭乱的形态。

1991年，人们在阿根廷的三叠纪岩层中发现了始盗龙的化石，并很快就将它归为肉食性动物，因为化石明显有着锐利的牙齿和爪子。大部分拥有这些特征的后期恐龙都属于兽脚类，因此发现者认为始盗龙也是兽脚类的一员，即君王暴龙（霸王龙）等大型掠食者的祖先。但在始盗龙生活的时代里，各种恐龙之间并没有太大差别。仔细研究过骨骼和牙齿之后，一些学者又得出了不同的结论。虽然体形不太有说服力，但现在我们认为它们是巨型长脖子植食性蜥脚类的祖先。

恐龙

始盗龙

生存年代：2.28亿~2.16亿年前

栖息地：岩质沙漠

身长：1米

食物：小型爬行动物和植物

艾雷拉龙骨架

现有发现

第一具始盗龙标本由保罗·塞雷诺及其同事于1993年命名并描述。塞雷诺是美国的古生物学家（化石专家），多次领导寻找恐龙化石的考察。始盗龙是当时已知的最古老的恐龙之一。

保罗·塞雷诺

常见错误

始盗龙和另一种略大的恐龙艾雷拉龙生活在同一时代和地区。艾雷拉龙是和始盗龙极为类似的兽脚类，这就是为什么最初的始盗龙研究者们认为始盗龙也属于兽脚类。在这个演化阶段，所有恐龙似乎都有着相同的两足形态。

月亮谷

始盗龙的化石发现于阿根廷伊沙瓜拉斯托国家公园。类似月球的地貌让这片废石之地被称为“月亮谷”。此处在晚三叠世应该是一片环境严酷的沙漠样干旱地带。

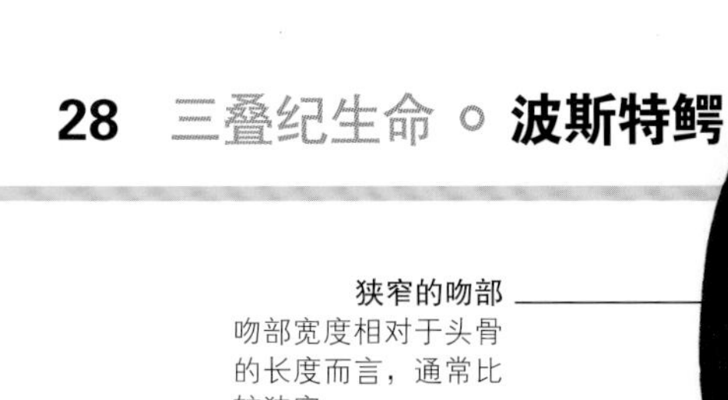

三叠纪 侏罗纪 白垩纪 新生代
2.52亿年前 2.01亿年前 1.45亿年前 6600万年前 0

狭窄的吻部
吻部宽度相对于头骨的长度而言，通常比较狭窄。

巨大的头骨

波斯特鳄有着巨大的头骨和深且强壮的颌部，颌部长着有力的肌肉。它们的武力超过了三叠纪的大部分恐龙掠食者。

谱系

波斯特鳄等劳氏鳄类属于主龙类爬行动物，该类群里也包括翼龙和恐龙。劳氏鳄类出现时间最早，是鳄和短吻鳄的祖先，鳄和短吻鳄也是和它们亲缘关系最近的现生动物。

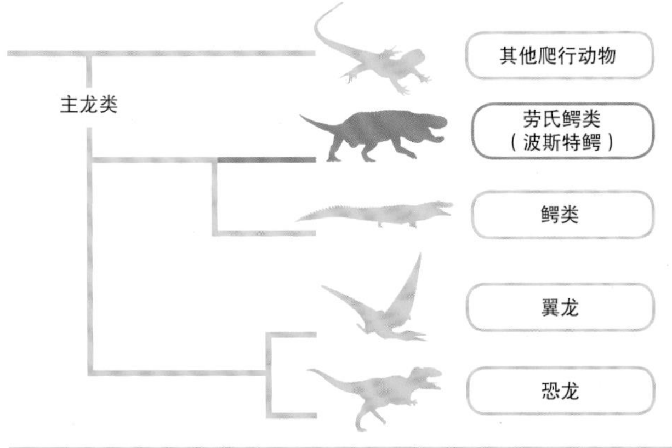

参差不齐的牙齿

波斯特鳄的牙齿长短不一，一部分原因是它们会定期换牙。牙齿在掉落之前会一直生长，因此长牙的生长时间最长，短牙反之。现生鳄类也以相似的方式更换牙齿（下图）。

巨大的利齿
牙齿仿佛锋利的锯齿，这是割裂肉类的理想工具。

短小的前肢
波斯特鳄的前肢远短于后肢，每个手掌上都有5根手指。

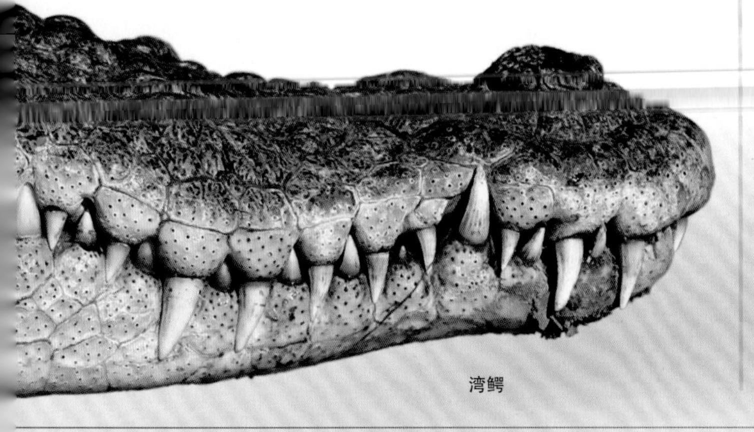

湾鳄

波斯特鳄

虽然看似恐龙，但这种凶暴的掠食者其实是鳄鱼的近亲。波斯特鳄是在恐龙称霸之前主宰三叠纪的爬行动物之一。

晚三叠世最庞大强悍的陆生掠食者是劳氏鳄类，波斯特鳄是个头最大的劳氏鳄类之一。它们能和恐龙掠食者一样凭借后肢站立，还会捕食应付得来的恐龙和布拉塞龙等二齿兽类（见第24~25页）。

波斯特鳄很像恐龙，这是因为它们的生活习性与恐龙类似，所以演化出了和恐龙相似的特征。这种现象称为“趋同进化”。

劳氏鳄类

波斯特鳄

生存年代：2.28亿~2.04亿年前

栖息地：林地

身长：3~4.5米

食物：其他动物

虚惊一场

阳光穿过树木，泼洒在森林的地面。一只硕大的蜥脚类恐龙用后肢站起，吞食树叶，发出了巨大的噪音，害得附近的动物都受到了惊吓。

一只不清楚声音来源的小型掠食者——腔骨龙心惊胆战。它冲出去寻找藏身之处，吓坏了正在苔藓中寻找昆虫的小型哺乳动物。虽然腔骨龙是肉食性恐龙，但它并不愿意在三叠纪的森林里遭遇更大的掠食者。

全方位视野
板龙的眼睛位于脑袋侧面较高的位置，这让它们能够眼观六路，提防天敌。

灵活的脖子
灵活的长脖子让板龙能够吃到高处树枝上的叶片。

切割齿
上颌的叶状齿和下颌的牙齿重叠成剪刀的样子，可以撕裂植物。

步伐稳健

每条强健的后肢上都有5根脚趾。板龙凭借这些脚趾站立，而且它们还可能是奔跑能手。内趾骨比外趾骨长得多，也更结实，还有粗短的爪子。

35 德国南部的一个采石场里发现过35具几乎完整的板龙骨架化石，以及来自至少另外70头板龙的零散骨骼化石。这些板龙都死于同一地点。

恐龙

板龙

生存年代： 2.16亿~2.04亿年前

栖息地： 森林和沼泽

身长： 10米

食物： 植物

消化系统
巨大的身体里有着适合处理叶片的大型消化系统。

平衡身体的尾巴
在用强壮的后肢行走时，沉重的大尾巴可以保持身体平衡。

拇指

能够抓握的手部
板龙的手部用于抓握食物，而不是支撑体重。每只手掌上都有5根手指，都带有爪子。其中，拇指长有特别结实的爪子，可能是用作防御的武器。

板龙

这位植食者属于原蜥脚类，也是化石记录中最早期的恐龙之一。原蜥脚类是长脖子蜥脚类恐龙的祖先，而惊人的蜥脚类是迄今为止最庞大的陆生动物。

原蜥脚类的个头和体重都小于蜥脚类。它们和最初的恐龙一样用后肢行动，用前肢采集食物。板龙是原蜥脚类中最大的成员之一，在北欧和中欧十分常见。自德国于1834年发现第一具板龙化石以来，科学家们已经找到了100多具保存完好的板龙骨架化石。

演化

虽然板龙是植食性恐龙，但它们的祖先可能是小型肉食性恐龙。它们继承了两足站立的姿势、短前臂和可以活动的手部，但又演化出了植食性动物的牙齿和消化系统。

恐龙坟墓

欧洲的50多处地方都发现了板龙化石，其中3个化石点产出了大量骨骼化石。为何这些地方会有如此众多的恐龙死亡？科学家们为此冥思苦想。答案可能是它们被困在了泥泞的沼泽里。

黏糊糊的陷阱
在沼泽中寻找食物的时候，一大群板龙无意中走进了充满黏性淤泥的深坑。

侥幸逃脱
较轻的恐龙得以脱身，但沉重的大家伙们没那么幸运，它们越是挣扎就陷得越深。

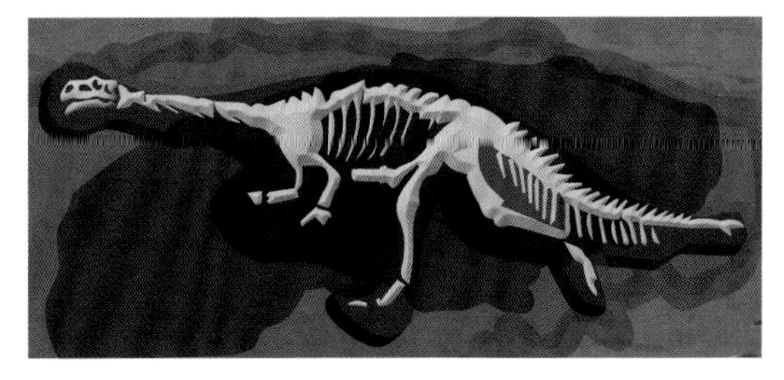

形成化石
泥坑淹死了困在里面的动物，食腐动物也看不到它们的尸体。数亿年的时光让它们变成了化石。

复杂的牙齿

化石表明，真双型齿翼龙在颌部尖端有针状齿和许多较小的多尖齿，形成了一道切割猎物的长长利刃。

锐利的爪子
手指上有锋利的爪子。

翅膀的结构

翼龙的翅膀由皮肤构成，其中含有许多细长柔韧的强化纤维。强化后的皮膜由肌肉薄片支撑，肌肉修正了翅膀的形状，使它们更有效率，而肌肉则从一片血管网络中获取能量。

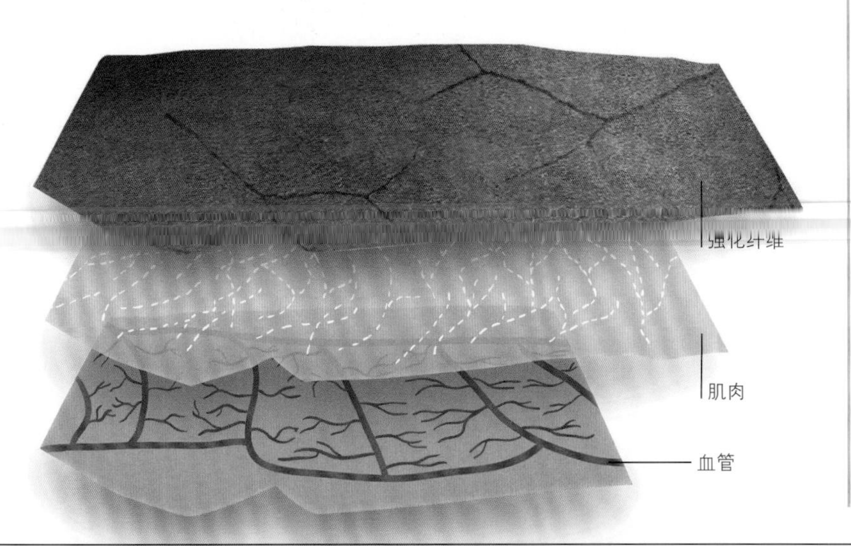

三叠纪的双齿尾鱼化石

捕鱼为食

翼龙的尖牙很适合咬紧不断挣扎的湿滑鱼类。真双型齿翼龙化石的胃部存有鳞片，与三叠纪鱼类化石上的鳞片十分相似，因此鱼类可能是它们的主要食物。

真双型齿翼龙

除了恐龙，三叠纪中最引人注目的动物当属飞行的爬行类，也就是翼龙。这种空中猎手——真双型齿翼龙是目前已知最古老的翼龙之一。

从各个方面来看，乌鸦大小的真双型齿翼龙是典型的早期翼龙，它们有着长长的多骨尾巴和带有尖利牙齿的长颌部。与其他翼龙一样，真双型齿翼龙凭借皮肤和薄薄的肌肉群构成的翅膀翱翔天际。每只翅膀都由手臂骨骼和一根极长的“翼指”支撑，而且具有强化纤维。其他 3 根手指在翅膀的弯折部位组成了可以活动和抓握东西的“手”。修长的翅膀表明它们擅长飞行，可能会在飞行中捕猎。

翼龙

真双型齿翼龙

生存年代： 2.16亿~2.03亿年前

栖息地： 海岸边的森林

翼展： 1米

食物： 鱼类

伊森龙

在最著名的恐龙中，有一些是有着庞大长脖子的蜥脚类。它们也是体形最魁梧的恐龙之一，依靠四肢支撑着沉重的身体。伊森龙是最古老的蜥脚类恐龙之一，它们远小于后来的巨型恐龙，但身体的构造基本相同。

始盗龙（见第26~27页）等最初的蜥脚形类恐龙是灵活的小动物。它们演化出了板龙（见第32~33页）等原蜥脚类，这类动物都特化成了植食者，但依然仅用后肢行走。随着三叠纪末期的到来，它们也被伊森龙等真正的蜥脚类恐龙取代。蜥脚类是四足动物，不过也会用后肢站立起来觅食。

高高的尾巴
强壮的肌腱连接着它们的尾椎骨，使尾部远离地面。

腿骨
与其他早期原蜥脚类相比，伊森龙的大腿骨更直。这说明它们在行走时可以同时使用4条柱子一般的腿，而不是仅用后肢。

强壮的腿部
伊森龙的大部分体重都由巨大的后肢支撑。

身体全部伸展

虽然我们几乎可以肯定伊森龙是依靠四肢行走的，但它们可以用强壮的后肢站立起来寻觅高处的树叶。它们的前肢比后肢瘦弱得多，但带有可以活动的趾头，能够抓握住树枝来支撑身体。后来的中生代蜥脚类恐龙也继承了这种进食技巧。

伊森龙的骨骼化石很少，但是其中包括关键的腿骨，这表明伊森龙依靠四肢行走。

恐龙

伊森龙

生存年代：2.19亿~1.99亿年前

栖息地：林地

身长：6米

食物：树叶

重量级族群

足迹化石表明，很多后来的蜥脚类恐龙都成群活动，类似今天的北美野牛。伊森龙可能也具有这样的习性，以便在遭受兽脚类恐龙等肉食性天敌袭击时互相保护。

腔骨龙是**最早演化出如愿骨**的恐龙，**鸡**也有这种结构。

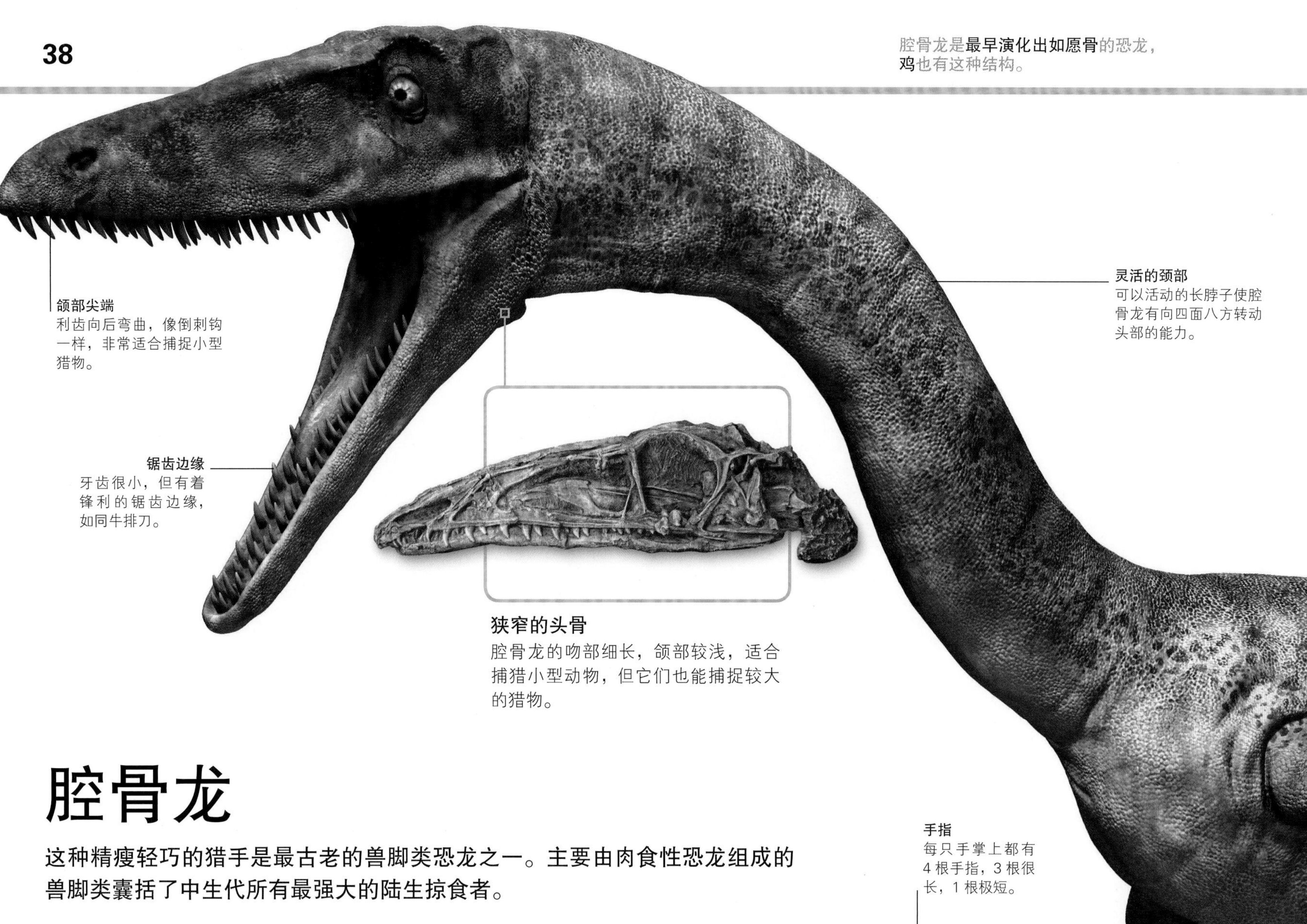

颌部尖端
利齿向后弯曲，像倒刺钩一样，非常适合捕捉小型猎物。

锯齿边缘
牙齿很小，但有着锋利的锯齿边缘，如同牛排刀。

灵活的颈部
可以活动的长脖子使腔骨龙有向四面八方转动头部的能力。

狭窄的头骨
腔骨龙的吻部细长，颌部较浅，适合捕猎小型动物，但它们也能捕捉较大的猎物。

手指
每只手掌上都有4根手指，3根很长，1根极短。

腔骨龙

这种精瘦轻巧的猎手是最古老的兽脚类恐龙之一。主要由肉食性恐龙组成的兽脚类囊括了中生代所有最强大的陆生掠食者。

与其他兽脚类一样，腔骨龙也用后肢奔跑，适于运动的体形表明它们速度不慢。它们的手臂可以抓住猎物。手臂上的手掌具有抓握功能，上面长有灵活而强壮的手指。不过，这种恐龙可能更依赖于长窄轻巧的颌部捕猎，这个结构演化成了适合捕捉蜥蜴、早期哺乳动物和大型昆虫等小型猎物的武器。上颌尖端的牙齿可能特别擅长将穴居动物从洞穴里拖出来。

幽灵农庄的骨床

人们于1947年在美国新墨西哥州幽灵农庄的骨床里发现了数百具骨架，我们对腔骨龙深入的了解都得益于此。目前尚不清楚它们为什么集体死于该地。可能是因为一群腔骨龙在旱季被这里唯一的水源吸引，但随后突如其来的风暴造成了灾难性的洪水，将它们尽数淹没。

群聚
在一个炎热的夏日里，一群口渴的腔骨龙集中到了唯一一处仍有水源的地方。

致命浪涛
一场大规模雷暴带来了倾盆大雨。从高处奔涌而下的浪涛吞没了所有恐龙。

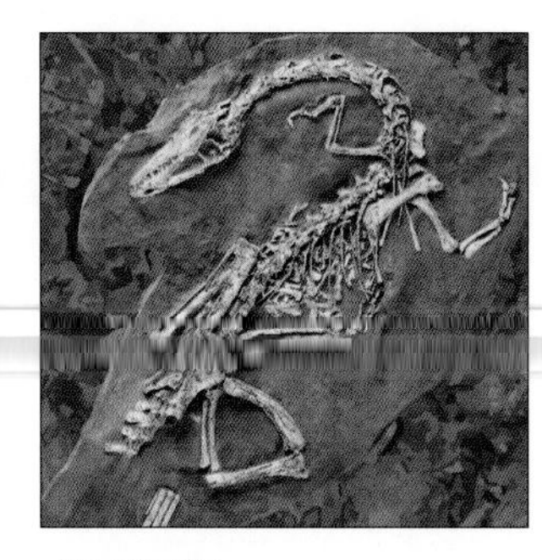

化石证据
洪水带来的淤泥掩埋了它们的尸体。淤泥在数千万年间变成了岩石，使骨骼成为化石。

群体捕猎

幽灵农庄的化石表明，腔骨龙过着群居生活，因此它们可能会共同捕猎，以便在较大的猎物面前占得上风。例如，狼群会一起攻击危险的麝牛，而独狼没法对付这种猎物。但是，腔骨龙远没狼聪明，它们可能不会采用这种战术。

1998 这一年，“奋进”号航天飞机将一只腔骨龙的头骨送入了太空。

500 美国新墨西哥州的幽灵农庄化石点产出了约500具腔骨龙骨架。

恐龙

腔骨龙

生存年代： 2.16亿~2亿年前

栖息地： 沙漠平原

身长： 3米

食物： 其他动物

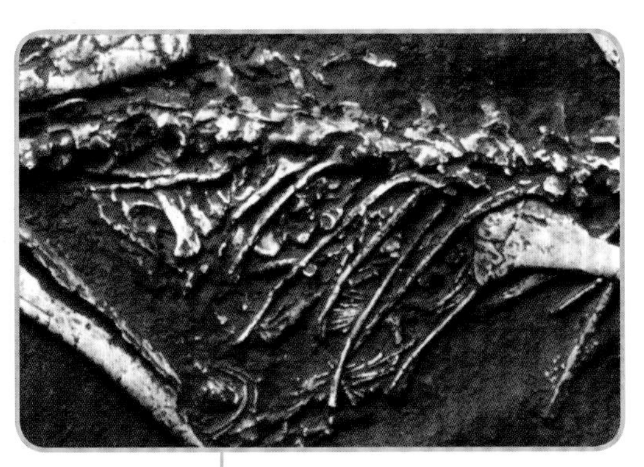

胃中乾坤

部分腔骨龙化石的胃中存有猎物的遗骸，比如小型鳄形类爬行动物的骨头。这表明腔骨龙能够捕猎比蜥蜴大的猎物。科学家们一度以为腔骨龙会同类相食，因为有些骨架化石的胃中似乎残留着幼龙的骨骸。现在大家认为这是成龙在死亡的时候压倒了幼龙，使化石给人以它们会相互吞食的印象。

长尾巴
与几乎所有的两足恐龙一样，腔骨龙也用长尾巴来平衡身体。

坚韧的皮肤
皮肤上可能覆盖着一层保护性小鳞片，但也可能长有毛。

亦步亦趋
腔骨龙可能会以家庭为单位狩猎，因此幼龙可以从父母身上学习捕猎技巧。

强壮的脚趾

腔骨龙以3根带粗短爪子的脚趾站立，而第四趾比其他脚趾短得多，位于足部内侧，不接触地面。

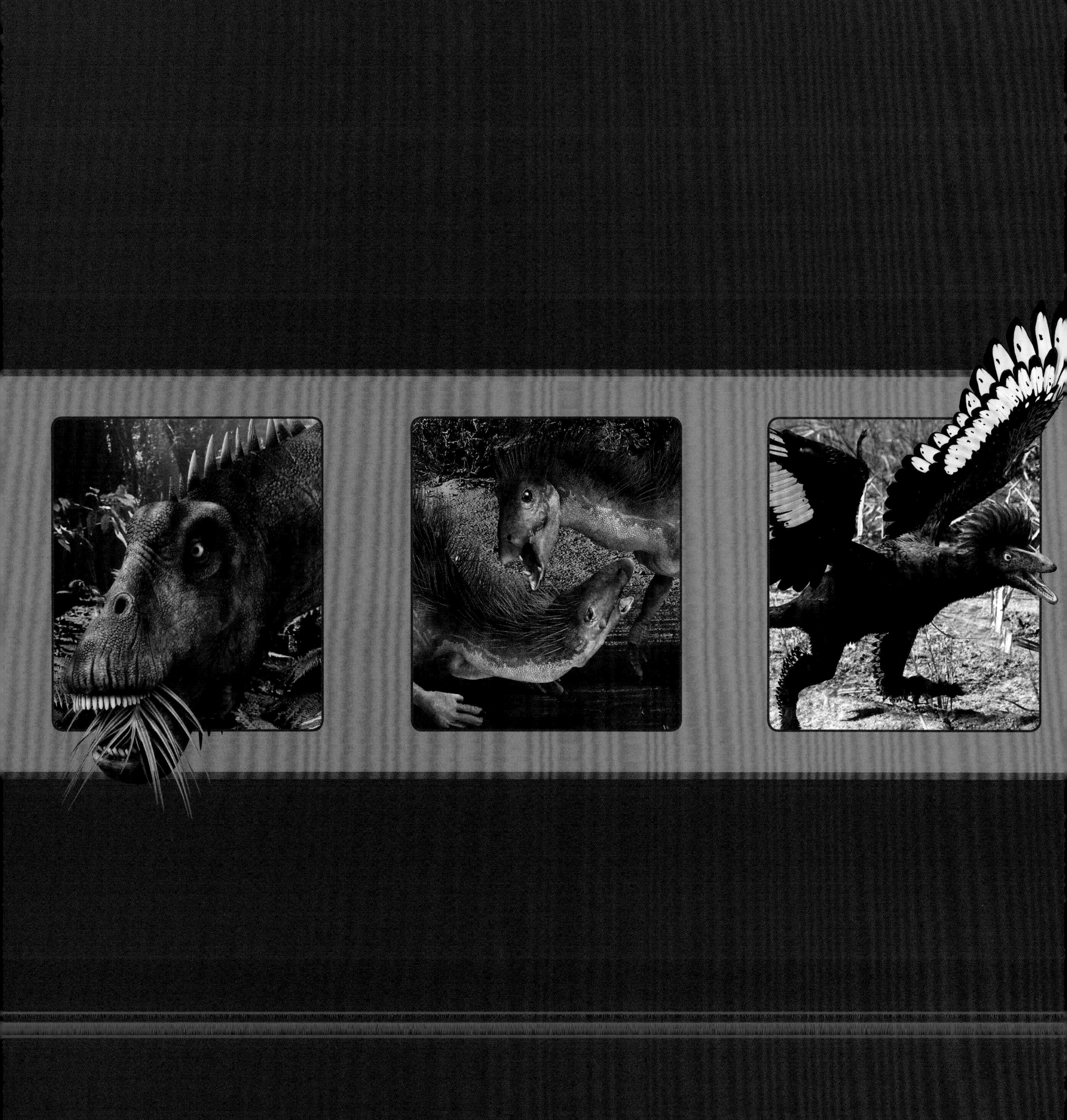

侏罗纪生命

在三叠纪的大部分时间里，恐龙都只是动物界中微不足道的一部分。但它们在侏罗纪中演化出的形态之多令人叹服，从撼动大地的巨型恐龙到乌鸦大小且身覆羽毛的敏捷猎手，应有尽有。它们在遍布地球的各种动物中占据了统治地位。

侏罗纪世界

中生代中的侏罗纪从 2.01 亿年前延续至 1.45 亿年前。泛大陆在这段时间里一分为二，使气候发生了变化，绿色植物也因此分布到了更广阔的土地上。茂密的植物养育着众多不同种类的动物，尤其是在陆生动物中夺得了统治地位的恐龙。它们包括巨大的植食者、有力的掠食者和后来演化成鸟类的小型披羽恐龙。

劳亚古陆

北美洲基本都被海洋包围。北大西洋的前身逐渐将劳亚古陆和冈瓦纳古陆推往远离彼此的方向。

北美洲

太平洋

地壳上逐渐打开的裂缝让特提斯海从北美洲和非洲之间一路向西，迫使它们分开形成了“原大西洋”。

南美洲

冈瓦纳古陆

冈瓦纳古陆依然辽阔，中心地带是一片沙漠。当地动物的演化方式与北方超大陆的动物不同。

侏罗纪的大陆和海洋
2.01亿~1.45亿年前

两块超大陆

泛大陆在三叠纪就开始分裂，但直到侏罗纪才完全分为两块，即北方的劳亚古陆和南方的冈瓦纳古陆。它们由热带特提斯海分隔，很多大陆的边缘都被海水淹没，甚至内陆也是如此，于是造就了数千座海岛。

环境

一场大灭绝成为三叠纪的尾声。虽然它的严重程度不及上一场灭绝，但还是让当时约半数的物种销声匿迹。此次灭绝的原因尚不清楚，但对环境的影响似乎并未持续很久，陆地和海洋的生命没过多久便再次繁盛起来。

气候

泛大陆的分裂对气候产生了巨大的影响。大部分陆地都离海洋更近了，天气也变得更加潮湿温暖。早侏罗世和中侏罗世非常温暖，晚侏罗世则凉爽了不少。

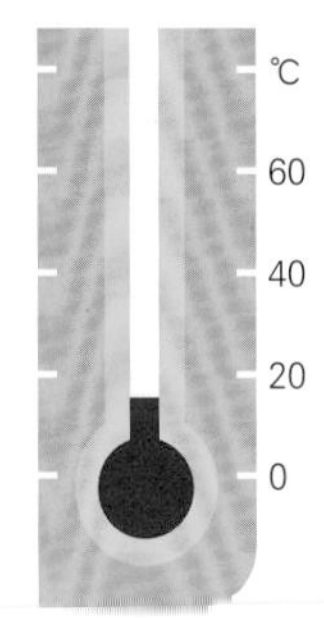

温带雨林
在潮湿温暖的侏罗纪中，苍翠的蕨类森林是典型的植被，它们给当时演化出的大型植食性恐龙提供了大量食物。

热带岛屿
更加温暖的气候使海平面升高。部分大陆淹没在浅海的海水之下，[illegible]的热带岛屿。

代	中生代		
纪	三叠纪	侏罗纪	
亿年前	2.52	2.01	1.45

欧洲

浅海覆盖了劳亚古陆的大部分中心地带。海洋使高地变成了海岛，可能还将劳亚古陆分成了两部分。

特提斯海

非洲

特提斯海的西部后来成为大西洋，它们一同将北方的劳亚古陆从冈瓦纳古陆中分离出来。

南极洲

图例

古代陆块

现代陆块的轮廓

动物

三叠纪末期的一场大灭绝毁灭了许多动物，但是幸存者们很快就在温暖潮湿的气候中恢复了生机。这场灭绝为恐龙和翼龙消灭了其他主要的爬行类竞争对手，因此它们获益极大，迅速成为陆地霸主。

圆柱箭石，巨大的箭石类

海生爬行动物

大陆边缘的浅陆架海是菊石和箭石等海生动物的乐园，它们都是枪乌贼已经灭绝的亲戚。

陆生无脊椎动物

古蜻蜓等昆虫成群结队地生活在侏罗纪繁茂的森林中，与蜘蛛和其他陆生无脊椎动物为邻。此时尚未出现蜜蜂和蝴蝶等采食花蜜的昆虫。

古蜻蜓

巨型恐龙

恐龙演化出了诸多不同类型，包括巨脚龙等大型蜥脚类、身披甲板的剑龙类、多种强悍的肉食性兽脚类和最古老的原始鸟类。

巨脚龙

海生爬行动物

对贪婪的鱼龙、蛇颈龙和达克龙等海生爬行动物来说，其他畅游于海洋之中的生物都是它们的美餐。达克龙是鳄鱼的远亲。

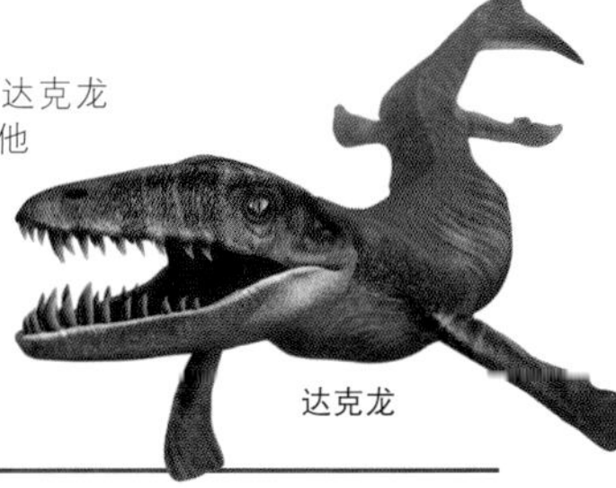

达克龙

植物

与三叠纪相比，侏罗纪的植物更加翠绿，分布范围也更加广泛，其他方面则基本一致。侏罗纪里依然没有开花植物和禾本科植物，但长出了一片片广阔的森林，其中布满各种银杏类、苏铁类和针叶树。

蕨类

侏罗纪温暖潮湿的气候非常适合这些原始植物繁盛生长，它们在阴凉的森林里欣欣向荣。

针叶树

高大的针叶树统治着大地，其中有些极似现在的智利松或智利南美杉。

苏铁类

棕榈样的苏铁类在侏罗纪的森林里十分常见，它们是很多恐龙的食物来源。

银杏类

保存着扇形叶片的化石表明银杏类在侏罗纪的分布十分广泛。

白垩纪	新生代
0.66	0

大带齿兽

大带齿兽是最古老的哺乳动物之一，与老鼠大小相当。它们恰好生活在侏罗纪之初，也就是恐龙开始掌握陆地霸权的时代。

部分专家倾向于将这种极为古老的哺乳动物视为真哺乳类和犬齿兽类祖先间的过渡物种。不过，它们具有真哺乳类的大部分特征，包括皮毛和一组形状不同且有多种功能——切割、穿刺、切片和咀嚼——的牙齿。它们可能以昆虫、蠕虫、蜘蛛和类似大小的小动物为食，与今天的鼩鼱十分相像。

同所有能在黑暗中视物并捕猎的哺乳动物一样，大带齿兽的视觉可能也不太敏锐，分不清颜色。

灵敏的耳朵
脑部结构表明大带齿兽的听觉十分敏锐。

大眼睛
大带齿兽的大眼睛可能有助于夜间捕猎，这时候大部分天敌都已入睡。

牙齿
锋利的牙齿可以咬住并切碎小动物。

特化的牙齿

颌部有4种牙齿，分别是前方锋利的切齿、尖利的犬齿和用于咀嚼的较大的前磨牙及磨牙。

产蛋的哺乳动物

大带齿兽虽然是哺乳动物，但它们会产下壳似皮革的蛋。少数现生哺乳动物也是如此，比如澳大利亚的鸭嘴兽。蛋孵化之后，没有牙齿的小宝宝会以母亲的乳汁为食。

覆盖鳞片的尾巴

大带齿兽可能有裸露的带鳞尾部，极似现生老鼠。

哺乳动物

大带齿兽

生存年代： 1.99亿~1.96亿年前

栖息地： 林地

身长： 10厘米

食物： 小动物

畸齿龙

它们的牙齿更接近哺乳动物而非恐龙。这种火鸡大小的生物是最神秘的恐龙之一。科学家不知道它们吃什么，也不了解它们在恐龙演化中的角色定位。

典型恐龙的牙齿都基本一致，但畸齿龙和哺乳动物一样有 3 种不同的牙齿。它们有两对锐利的长犬齿、很多边缘似凿的颊齿和长于上颌的较短门牙，而且还有喙部。从身体结构来看，从小动物到坚韧的植物似乎都可以摆上它们的餐桌。它们的进食方式可能是挑拣最有营养的食物，如同哺乳类里的野猪。它们的长犬齿也有可能是争夺领地的武器。

有学者认为畸齿龙和兽脚类一样，它们可以用锋利的牙齿

杀死大型动物并撕开猎物的身体。

鬃毛
皮肤可能有粗糙的长鬃毛保护，类似于哺乳动物的毛发。

长尾巴
这种敏捷的动物在用后肢奔跑时可用长尾巴保持身体平衡。

可以抓握的手
可抓握的手异乎寻常地长，上面有5根长着强壮弯爪的手指。

完好的化石

这具几近完整的畸齿龙化石发现于1976年的南非，是迄今为止保存最完好的恐龙化石之一，其中所有的骨骼都基本上保持了生前的位置。这种“所有关节互相铰接”的骨骼化石非常罕见，为科学家们了解畸齿龙及其近缘类群的解剖学结构提供了宝贵的线索。

炫耀之物？

很多现生哺乳动物的雄性都有极长的犬齿，比如麝鹿和狒狒。它们的犬齿在争夺领地时是种武器，在求偶时则发挥着炫耀的作用。畸齿龙的牙齿可能有同样的作用，果真如此的话，那么目前发现的所有化石就都属于雄性。那雌性又是什么样的呢？

恐龙

畸齿龙

生存年代： 2亿~1.9亿年前

栖息地： 灌木丛

身长： 1米

食物： 植物和昆虫

1858 第一具肢龙化石发现于1858年。

锋利的喙部
短短的喙部有着锋利的边缘，可以采食植物叶片。

牙齿和爪子

与后来的覆盾甲龙类一样，这种恐龙有简单的叶状颊齿，用于咀嚼坚韧的植物。肢龙的颌关节很短，所以它们的牙齿只能上下移动。

覆甲皮肤
一排排包裹在角状角质中的骨质凸起组成了能崩断天敌牙齿的盾甲。

肢龙

用四肢行走的矮壮肢龙是覆盾甲龙类的一员。覆盾甲龙类是长有喙的植食性动物，它们演化出了坚韧的骨质盾甲，能够抵御饥饿的利齿掠食者。

在早侏罗世，植食性恐龙的主要天敌是长有刀刃般利齿的轻量级掠食者。这样的牙齿很适合撕裂柔软的肉，但是碰到坚硬的骨骼时可能会折断。这种镶嵌在皮肤中的骨板称为盾板。肢龙是最早拥有此类盾甲的恐龙之一。

恐龙

肢龙

生存年代：1.96亿~1.83亿年前

栖息地：森林

身长：4米

食物：低矮的植物

第一具肢龙化石的大部分骨骼都包裹在坚硬的石灰岩中。直到被发现100多年后的20世纪60年代才有科学家决定用酸液来溶解掉周围的岩石。

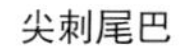

优异的视野
眼睛的位置很高，赋予了它们优秀的全方位视野。

尖刺尾巴
尾部长有边缘锋利的骨质甲板，是有力的防御武器。

坚实的前肢
强壮的长长前肢表明它们是四足动物。

钝爪子
后足有4根长长的脚趾，每根脚趾的尖端都有坚韧的爪子。爪子的骨芯变成化石，但上面应该还有长得多的角质套，这也是构成我们指甲的物质。

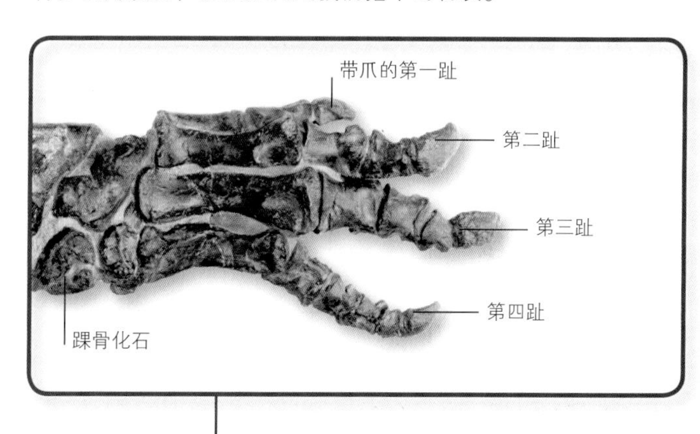

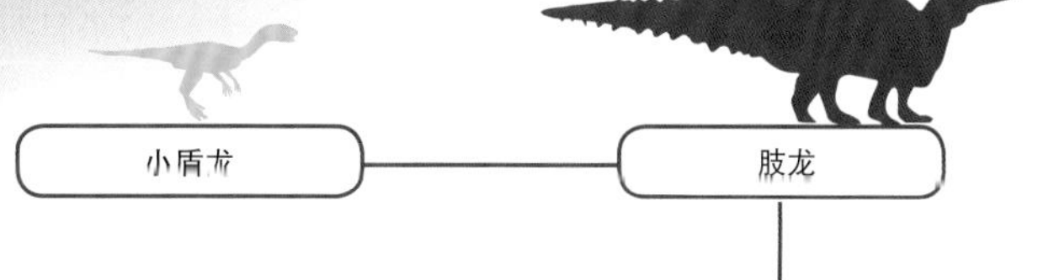

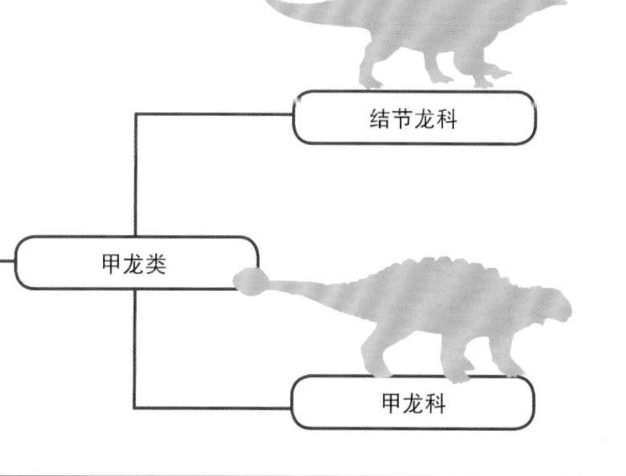

覆盾甲龙类的演化

小盾龙等最初的覆盾甲龙类都是两足动物。但随着时间的推移，它们变得更加巨大沉重，包括肢龙在内的所有较晚期种类都成为四足动物。这一族群在某个时刻分成两类：背部有高甲板的剑龙类和身披重甲的甲龙类，甲龙类又包括带尾锤的甲龙科和多刺的结节龙科。

2 迄今为止在南极发现过两个冰脊龙标本。

冰脊龙

冰脊龙是最古老的大型兽脚类之一，因形状古怪的骨质头冠而闻名。它们是强大的猎手，可以捕食其他大型恐龙。

冰脊龙的化石发现于南极的岩层中。这种头冠华丽的恐龙栖息在现在的冰封大陆，但这片土地在当时要温暖得多，而且生长着遍地是动物的茂密森林。冰脊龙是当地食物链中的顶级掠食者，除了同类之外再无天敌。它们的头冠用于展示实力，让它们不必通过战斗来解决争端。对于这种有着长长利齿的动物来说，相互争斗实在太过危险。

恐龙

冰脊龙

生存年代： 1.9亿~1.83亿年前

栖息地： 森林和平原

身长： 6米

食物： 其他动物

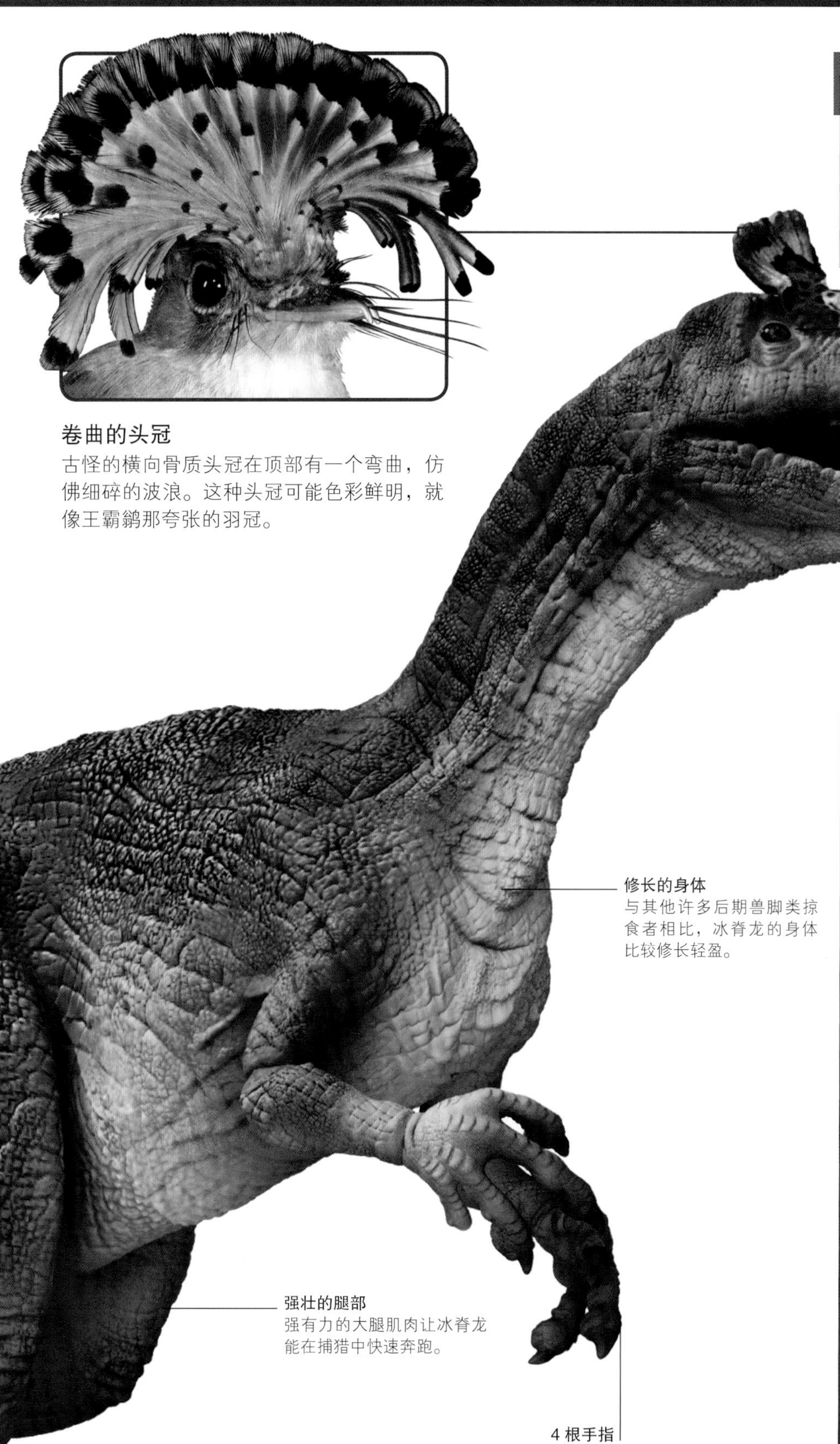

卷曲的头冠

古怪的横向骨质头冠在顶部有一个弯曲，仿佛细碎的波浪。这种头冠可能色彩鲜明，就像王霸鹟那夸张的羽冠。

侧视的眼睛

它们的眼睛不是朝向前方，所以看不清深处的目标。

修长的身体

与其他许多后期兽脚类掠食者相比，冰脊龙的身体比较修长轻盈。

强壮的腿部

强有力的大腿肌肉让冰脊龙能在捕猎中快速奔跑。

4根手指

每只手掌上都有4根手指，这是一个原始特征，大部分后期兽脚类都只有3根手指。

有头冠的亲戚？

冰脊龙和另一种有头冠的兽脚类恐龙——双脊龙有很多相似之处。它们可能是近亲，但是对冰脊龙的详细研究表明，冰脊龙出现得更晚。

双脊龙

南极森林

冰脊龙化石发现于横贯南极山脉，横贯南极山脉位于南极洲寥寥几个没有被厚冰覆盖的区域。但是在早侏罗世，这片大陆接近赤道，气候温和，满是繁茂的森林，类似于中国西南部。此后，它就开始向南移动并且越来越冷，现在已经成为地球上最寒冷的地区。

发现第一个头骨化石的科学家把它称为“猫王龙”，因为头冠让他们想起了摇滚明星**猫王的发型**。

狭翼鱼龙

鱼龙是生活方式极似海豚的海生爬行动物。它们行动敏捷，捕食鱼类和枪乌贼，在中生代的海洋里过着随心所欲的生活。

凭借着锐利的吻部和光滑的皮肤，狭翼鱼龙拥有鱼类一样完美的流线型。除同现生海豚一样必须呼吸空气外，它们的身体已经完全适应了海洋。狭翼鱼龙的食物可能是快速游动的鱼类和枪乌贼等动物。它们分水破浪，对妄图逃过利齿大口的猎物穷追不舍。

强化的眼睛

鱼龙的眼睛极大，可以收集透入水中的昏暗光线，以方便捕猎。每只大眼球都由眼眶中被称为巩膜环的一圈骨板支撑。这些骨板将眼球固定在头骨中，并使其始终保持完美的球形，这对获得清晰且不失真的视力来说至关重要。

胎生

鱼龙的生产方式是胎生，因为数具化石都保存了位于母亲体内的幼崽。这一具甚至展示了它们的生产过程 [illegible] 与海豚一样尾部先露出，这样幼崽才有机会到海面上呼吸第一口空气。鱼龙完全生活在海洋中，从不返回陆地，因此不能像其他爬行动物一样产蛋。它们必须在海洋中产崽，而且幼崽一出生就要自谋生路。

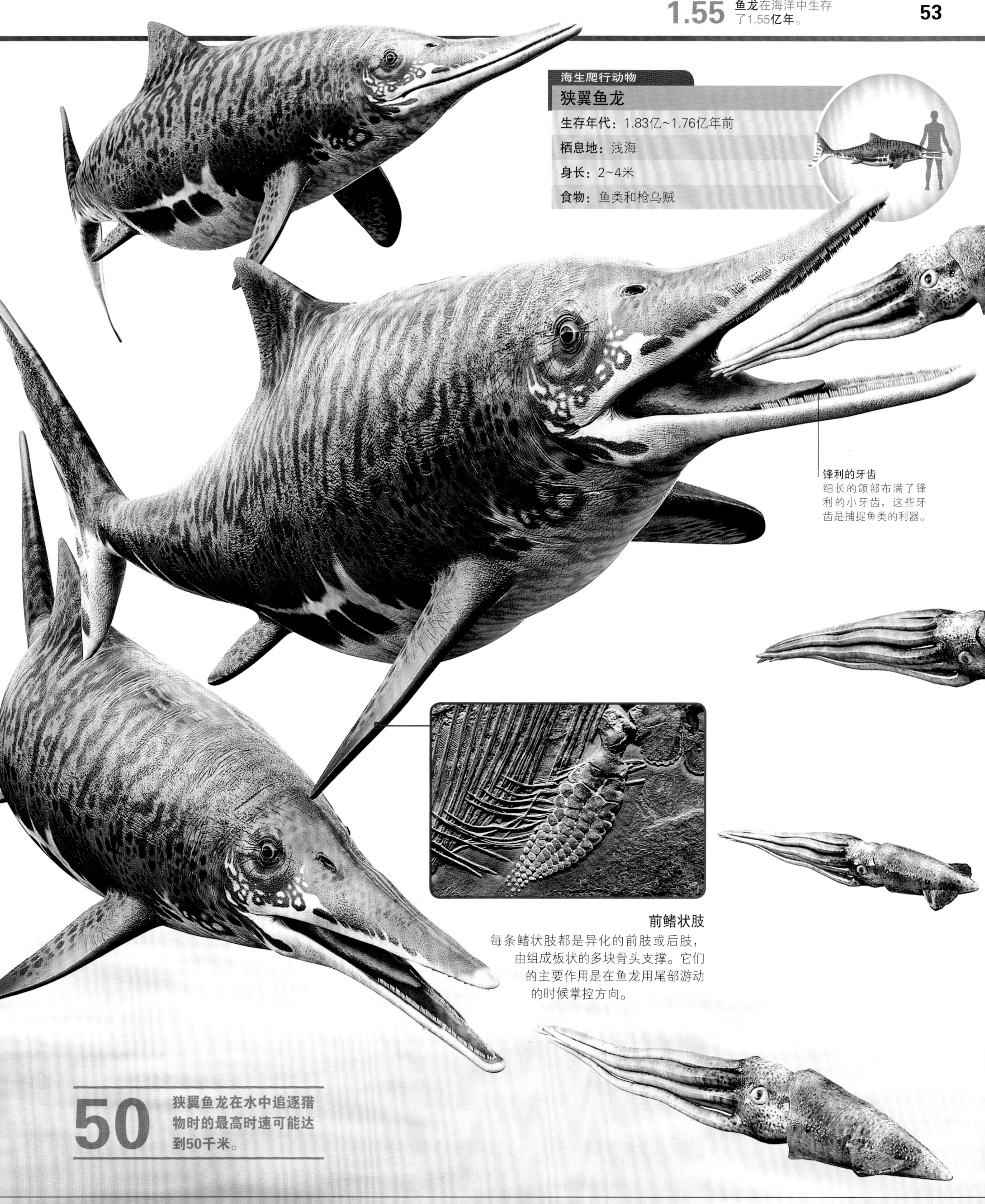
海生爬行动物
狭翼鱼龙
生存年代：1.83亿~1.76亿年前
栖息地：浅海
身长：2~4米
食物：鱼类和枪乌贼
锋利的牙齿
细长的颌部布满了锋利的小牙齿，这些牙齿是捕捉鱼类的利器。
前鳍状肢
每条鳍状肢都是异化的前肢或后肢，由组成板状的多块骨头支撑。它们的主要作用是在鱼龙用尾部游动的时候掌控方向。
50
狭翼鱼龙在水中追逐猎物时的最高时速可能达到50千米。

单脊龙

这种强大的掠食者和很多其他兽脚类恐龙十分相似，唯一不同之处在于吻部有长满疙瘩的大头冠。头冠的骨芯中空，可能起着共鸣箱的作用，好让它们发出响亮的声音。

虽然单脊龙生活在中侏罗世，但它属于早期兽脚类，其种群的演化时间晚于腔骨龙（见第 38~39 页）及其三叠纪的近亲，但早于异特龙（见第 72~73 页）等侏罗纪掠食者。目前仅有一具化石标本，在 1984 年发现于中国。多个古怪的特征让研究者难以确定它在恐龙演化史中的准确地位，但它必定是非常惊人的生物，也是当时最可怕的掠食者之一。

边缘似刀刃的牙齿
牙齿有着锋利的锯齿状边缘，组成了切开血肉的利刃。

长脖子
单脊龙灵活的长脖子可以在很大范围内活动。

头骨和头冠
头冠是头骨的一部分。它们的吻部骨骼里有着巨大的气腔，因此头骨高于一般恐龙。这些空洞减轻了骨骼的重量，或许还能在单脊龙嘶鸣时加强共振，类似于吉他音箱能加强弦声。

恐龙

单脊龙

生存年代：1.67亿~1.61亿年前

栖息地：森林

身长：6米

食物：其他动物

强韧的鳞片
一层强韧且不互相重叠的鳞片在皮肤外部起着保护作用。

长手指
手部有长长的手指，上面的利爪可以抓紧在恐惧中挣扎的猎物。

强壮的腿部
单脊龙的后肢长而有力。它们依靠3根强壮的向前的脚趾奔跑。

坚硬的尾巴
单脊龙长而坚硬的尾巴在奔跑过程中高高抬起，维持身体平衡。

巨大的头冠可能是雄性的专利，但是我们无法仅凭一具化石得出结论，而且这具化石也可能属于雌性单脊龙。

幼年单脊龙?

2006年，中国又发现了另一种侏罗纪兽脚类恐龙化石。这种被称为冠龙的恐龙远小于单脊龙，头冠形状亦不相同。大部分科学家认为它们是暴龙的祖先，但也有人提出这是幼年单脊龙，它们的头冠会在成长过程中改变形状，这在恐龙中并不少见。不过，后来发现的一具冠龙骨骼化石显示了多个典型的成年恐龙特征，看来它们的确是一种不同于单脊龙的动物。

冠龙

头冠对比

很多侏罗纪的兽脚类恐龙都有骨质头冠。每种头冠的形状均不相同，这归因于这些恐龙各自的演化。独特的头冠可帮助同类相互辨识。

冰脊龙头骨
冰脊龙（见第50~51页）通常有横贯吻部的头冠。头冠为薄薄的骨片，在顶端向前弯曲。

双脊龙头骨
早侏罗世的双脊龙有两片平行的扁平骨质头冠，头冠分别位于吻部顶端的两侧。

单脊龙头骨
这种兽脚类恐龙有一个位于吻部顶端的头冠，但它们的头冠比双脊龙的双头冠宽得多。

滑齿龙

有些最可怕的掠食者并非行于陆地，而是遨游于汪洋，它们便是颌部硕大强劲的上龙类，堪称真正的海洋怪兽。

滑齿龙等上龙类是长脖子蛇颈龙类（如艾伯塔泳龙，见第 110~111 页）的大嘴亲戚。它们的游泳方式相同，都用 4 条鳍状肢来划水推动身体前进。上龙类是专为捕猎而生的大型动物，它们连蛇颈龙也不放过。滑齿龙可能是埋伏型杀手，它们凭借速度从海水深处猛冲出来将猎物困于利齿之间，必要的话还会将猎物撕成碎片。

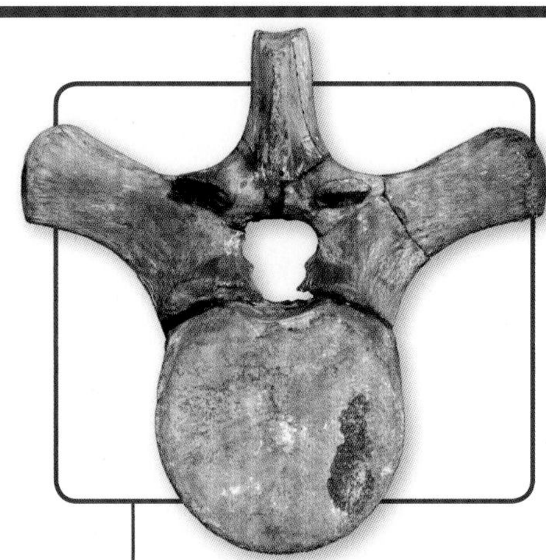

椎骨
滑齿龙的脊柱由巨大的椎骨组成，每块椎骨都有餐盘大小。

尾部
尾部很短，可能在游泳方面帮不上忙。

游泳健将
光滑覆鳞的皮肤下面有一层脂肪，让滑齿龙呈现出更完美的流线型，因此它们十分擅长游泳。

游泳方式

滑齿龙可能会上下拍击 4 条长长的鳍状肢，以便在水中“翱翔”，这种动作类似于现生海龟。它们或许是轮流拍击鳍状肢，即一对往下，另一对向上。试验表明，这种方式可以让它们在追逐猎物时获得极大的加速度。

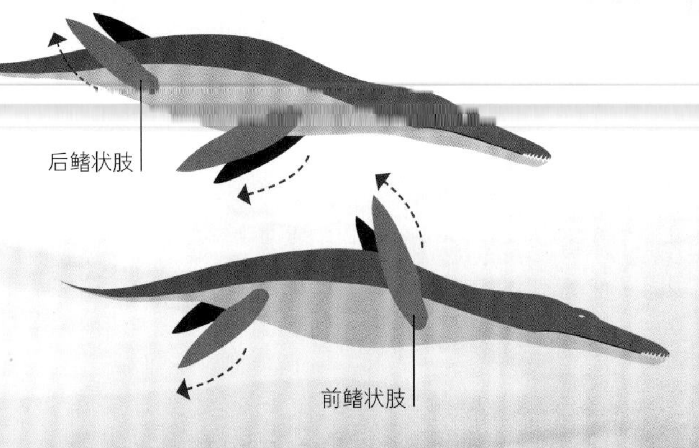

1.5 目前已知最大的滑齿龙头骨长达1.5米。颌部占据了头骨的大部分长度，里面排列着尖刺一样的巨大利齿，它们都深植于口腔内部。

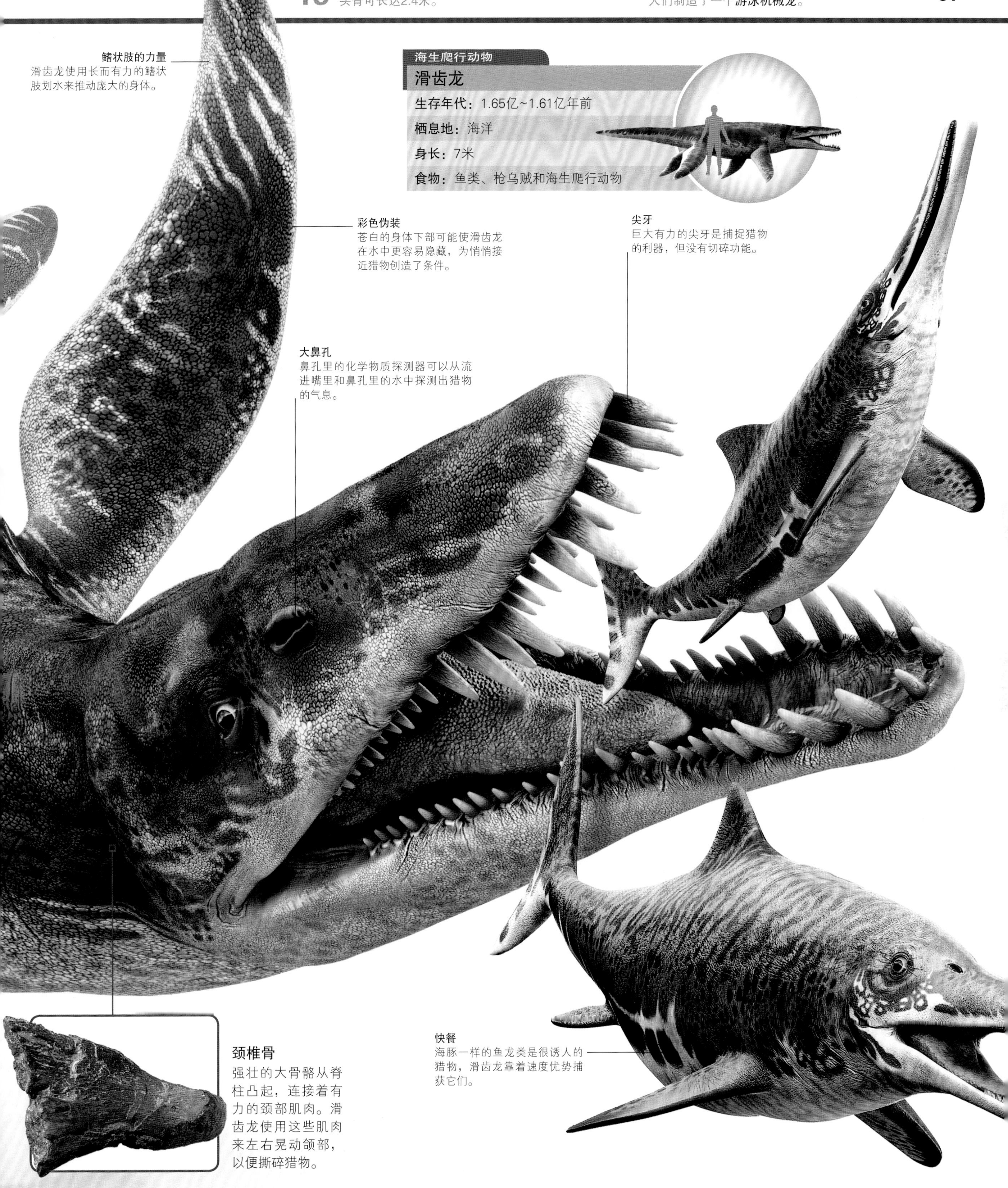
鳍状肢的力量
滑齿龙使用长而有力的鳍状肢划水来推动庞大的身体。
海生爬行动物
滑齿龙
生存年代：1.65亿~1.61亿年前
栖息地：海洋
身长：7米
食物：鱼类、枪乌贼和海生爬行动物
彩色伪装
苍白的身体下部可能使滑齿龙在水中更容易隐藏，为悄悄接近猎物创造了条件。
尖牙
巨大有力的尖牙是捕捉猎物的利器，但没有切碎功能。
大鼻孔
鼻孔里的化学物质探测器可以从流进嘴里和鼻孔里的水中探测出猎物的气息。
颈椎骨
强壮的大骨骼从脊柱凸起，连接着有力的颈部肌肉。滑齿龙使用这些肌肉来左右晃动颌部，以便撕碎猎物。
快餐
海豚一样的鱼龙类是很诱人的猎物，滑齿龙靠着速度优势捕获它们。

近鸟龙

近鸟龙比乌鸦轻得多，这种长着羽毛的兽脚类恐龙是最小的中生代恐龙之一。它们促使研究者们围绕羽毛颜色和飞翔起源展开了几项激动人心的研究。

近鸟龙的遗骸发现于中国辽宁省的晚侏罗世化石骨床，它们保存着令人惊讶的羽毛细节，直达显微水平。科学家们于 2010 年宣布通过显微技术研究发现了近鸟龙真正的颜色，这使它们名声大噪。虽然这个结论仍有争议，但是近鸟龙可能是第一批有滑翔能力的恐龙。

恐龙

近鸟龙

生存年代：1.61亿~1.55亿年前

栖息地：林地

身长：50厘米

食物：小动物

255 中国的博物馆里保存着255具近鸟龙化石。

细节的争议

近鸟龙化石保存的细节令人叹为观止，但它们在化石化过程中遭到了挤压，因此有些细节难以解释，科学家们仍在为这些细节的意义争论不休。

滑翔者

近鸟龙用短羽翼向地面滑翔或降落，如同今天的鼯鼠。

颜色的线索

这种石化的显微结构被称为黑素体（左图），表明近鸟龙基本上是灰黑色的动物，同时头部的羽毛泛红，翼羽呈带黑点的白色。不过有人对此提出了质疑，他们认为论证该观点的证据存在瑕疵。

长满羽毛的腿

腿部坚硬羽片的边缘可能有助于近鸟龙施展滑翔的技艺。

利爪

足部长有羽毛，带有利爪的脚趾类似于伶盗龙（见第108~109页）。

异特龙的攻击

一只剑龙正在平静地享用着松脆的美味松针，它没有注意到一只全副武装的饥饿的异特龙正在悄悄接近。待剑龙发现的时候为时已晚。

在侏罗纪泛滥平原的湖边，掠食者从掩护自己的树林中一跃而出，发起了攻击。附近的始祖鸟和剑龙都被吓得魂飞魄散。但是剑龙也不是省油的灯，致命的长长尾刺是它们的看家武器。只要稍一疏忽，异特龙也许就只能再苟延残喘几分钟而已。

化石细节

从德国索尔恩霍芬的细粒石灰岩中发现了保存极为完好的化石。它们有着辐射状的弹性支撑物，支撑物对覆盖着皮膜的翅膀起着强化作用。

尾舵

尾部尖端的小羽片有助于喙嘴龙迂回曲折地飞行，但也可能只起着装饰作用，如同雄性盘尾蜂鸟的尾羽。

小脚

这种翼龙的脚比较小，因此它们可能是在飞行中捕猎，而不是在地面上。

致命的吸引力

我们之所以知道喙嘴龙以鱼类为食，是因为部分化石的胃里保存着鱼骨。一具化石里的鱼骨几乎和化石本身一样长，可见即使猎物极大，喙嘴龙也会一口吞下。也有些鱼会奋力反击，甚至试图吃掉喙嘴龙。这具有趣的化石表明喙嘴龙（左）被剑鼻鱼（右，一种巨大的矛吻鱼类）叼住了翅膀。它们都沉入水中，喙嘴龙溺水而亡，而剑鼻鱼和猎物缠在一起没法脱身，也一命呜呼了。

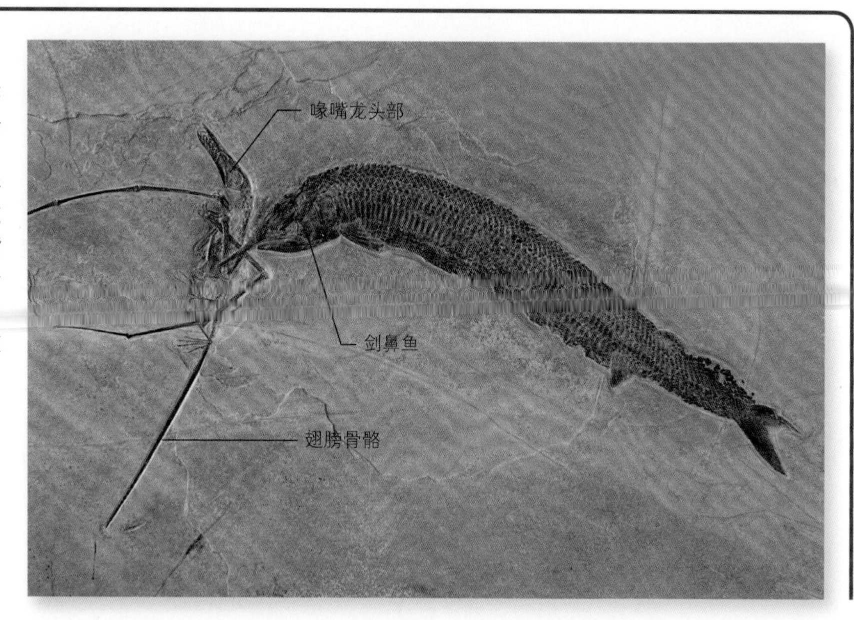

100 现已发现100多具喙嘴龙的化石，因此这是人类研究最为深入的翼龙。

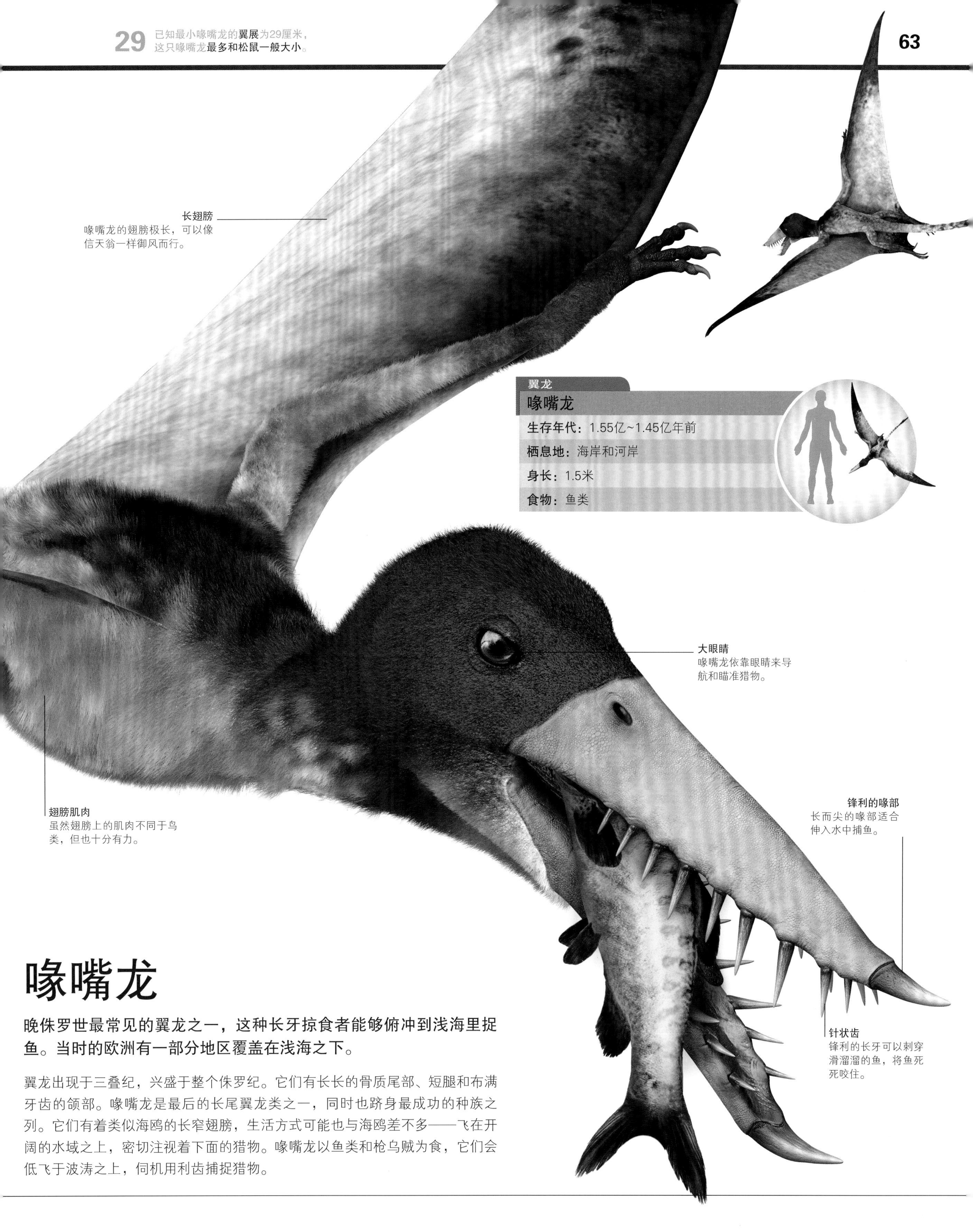

喙嘴龙

晚侏罗世最常见的翼龙之一，这种长牙掠食者能够俯冲到浅海里捉鱼。当时的欧洲有一部分地区覆盖在浅海之下。

翼龙出现于三叠纪，兴盛于整个侏罗纪。它们有长长的骨质尾部、短腿和布满牙齿的颌部。喙嘴龙是最后的长尾翼龙类之一，同时也跻身最成功的种族之列。它们有着类似海鸥的长窄翅膀，生活方式可能也与海鸥差不多——飞在开阔的水域之上，密切注视着下面的猎物。喙嘴龙以鱼类和枪乌贼为食，它们会低飞于波涛之上，伺机用利齿捕捉猎物。

钉状龙

生活在晚侏罗世的钉状龙是剑龙的亲戚。它们虽然个头较小，但外貌惊人，这多亏了引人注目的两排背板和长长的尖刺。

到中侏罗世时，肢龙（见第 48~49 页）等覆盾甲龙类已经分成了两大阵营：身披重甲的甲龙类和长着骨质背板及尖刺的剑龙类。钉状龙是尖刺最多的剑龙类成员之一。它们的化石来自东非坦桑尼亚的上侏罗统岩层。锋利的长刺必然是有力的防御武器，长满尖刺的尾部也十分强大。背板和尖刺也是用于炫耀的醒目特征。

背板
背板和尖刺都镶嵌在皮内成骨，但不和骨骼相连。在这具复原的装架化石中，尖刺由结实的金属支撑着。

小脑袋
钉状龙和剑龙一样，头骨很小，里面有容纳脑部的微小空间。这种恐龙用锋利的喙部采食树叶，还会用叶状齿将食物磨成更容易消化的碎片。

脖子
灵活的脖子让脑袋可以自由觅食。

前肢
这只钉状龙处于防御的蹲姿，但它们平常会四肢直立。

虽然钉状龙的体重不亚于马匹，但它们的脑只有李子大小。

恐龙

钉状龙

生存年代：1.55亿~1.51亿年前

栖息地：森林

身长：长达5米

食物：植物

带尖刺的尾部
钉状龙用后肢站起觅食时，多刺长尾的重量起到了平衡作用。

致命的防御

尾椎骨是由40块骨组成的长链，十分灵活。钉状龙能够高速横向挥舞尾部，划出宽大的扇形，让处于攻击范围内的敌人受到沉重打击。脑袋被击中的敌人必死无疑。

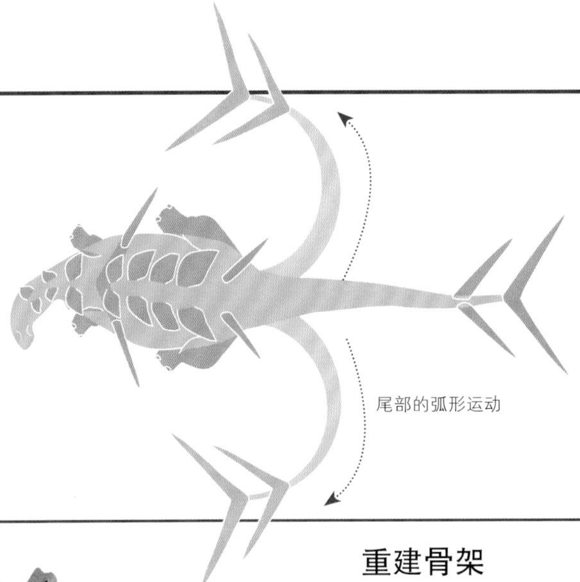

尾部的弧形运动

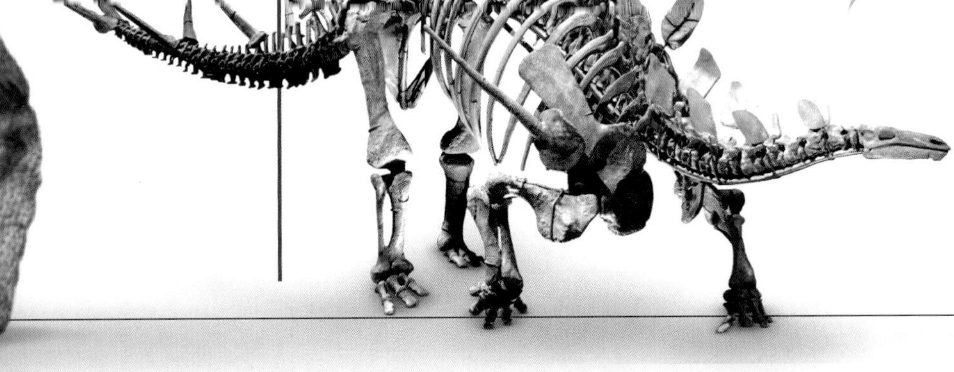

重建骨架

钉状龙的化石骨架在发现时并非是完整的，而且很多收藏于德国博物馆的骨骼化石也毁于二战。所以，虽然这具化石骨架的材料来自现存的骨骼化石，但科学家们依然不清楚细节上是否正确。

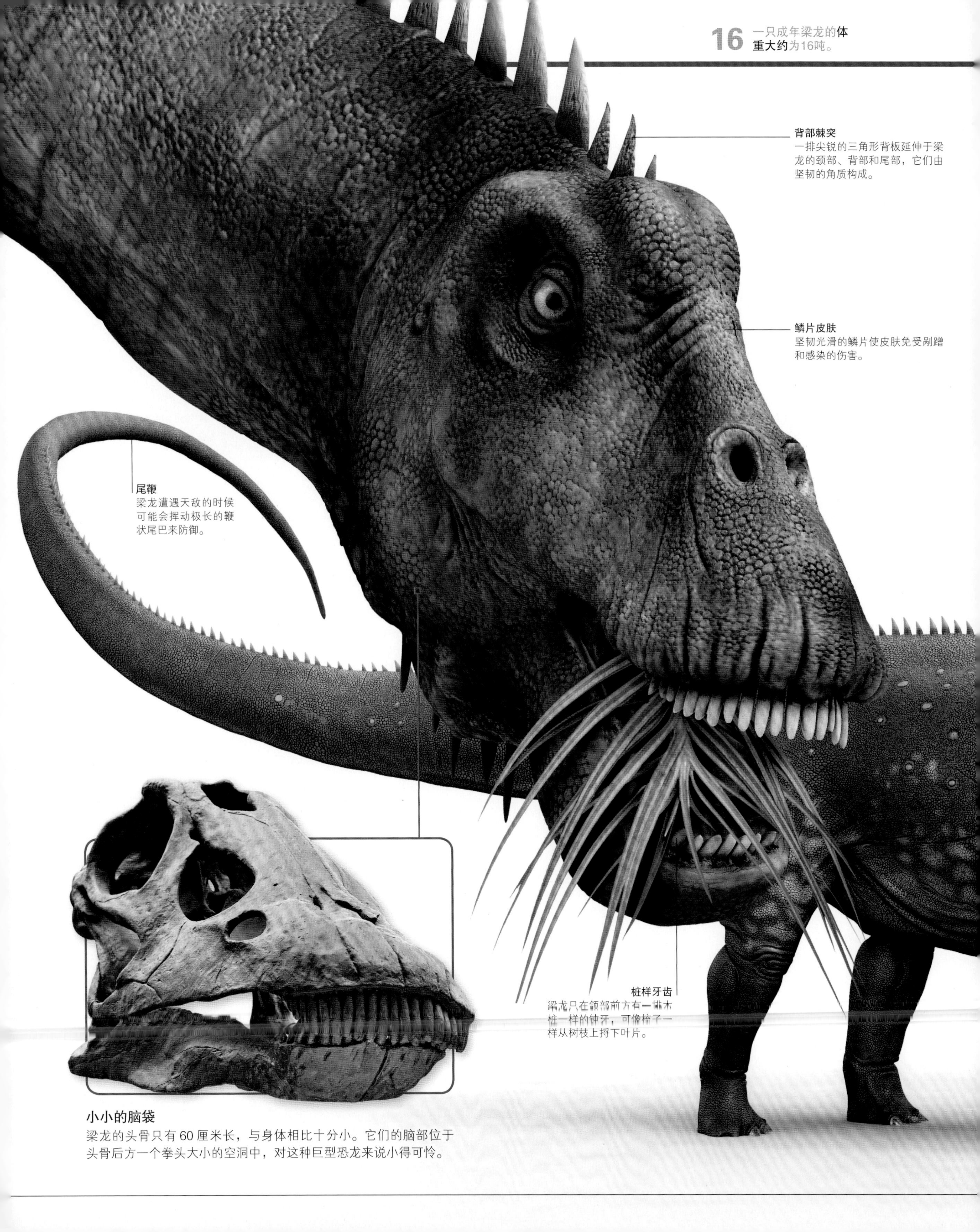

小小的脑袋

梁龙的头骨只有60厘米长，与身体相比十分小。它们的脑部位于头骨后方一个拳头大小的空洞中，对这种巨型恐龙来说小得可怜。

恐龙

梁龙

生存年代： 1.54亿~1.5亿年前

栖息地： 有高大树木的平原

身长： 33米

食物： 树叶

梁龙

算上长得不可思议的脖子和尾巴，梁龙可能是有史以来身长最长的陆生动物。它们的化石无疑是迄今为止“最长的”发现。

这种长脖子蜥脚类恐龙演化于侏罗纪，它们是植食性巨型恐龙，专门从高大的树冠上采食树叶。这些树叶坚韧而木化，如同松针，很难消化。蜥脚类恐龙巨大的身体里有大型消化系统，可以长时间处理食物，从中提取营养物质。这个消化系统极有效率，梁龙甚至不需要咀嚼食物，从而有时间吃得更多。

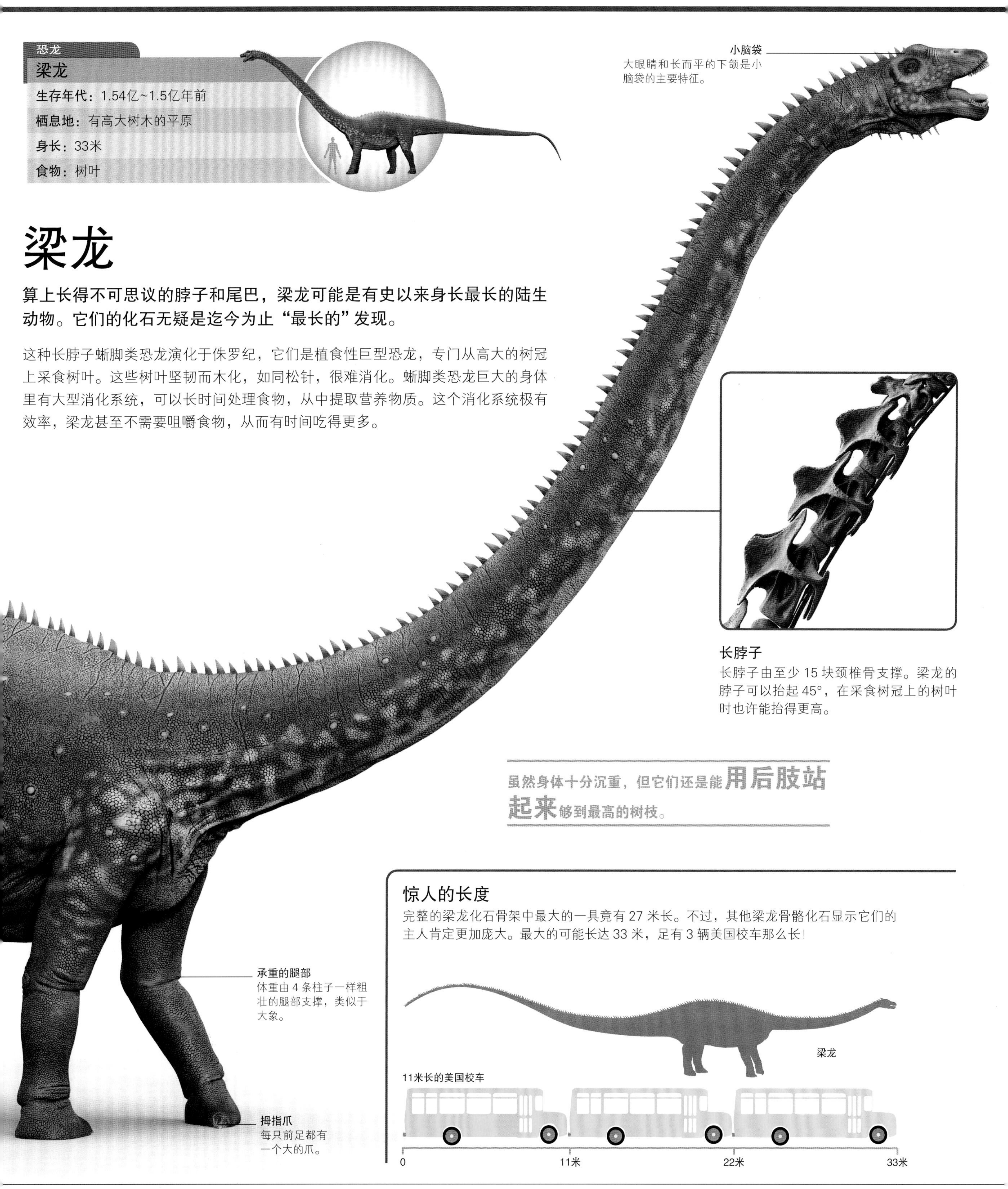

虽然身体十分沉重，但它们还是能**用后肢站起来**够到最高的树枝。

惊人的长度

完整的梁龙化石骨架中最大的一具竟有27米长。不过，其他梁龙骨骼化石显示它们的主人肯定更加庞大。最大的可能长达33米，足有3辆美国校车那么长！

翼手龙

早在 1780 年就有人发现了翼手龙化石，这是科学家们首次发现的翼龙化石。但是，他们过了 20 年才明白极长的指骨是用于支撑翅膀的，以及这些动物能够飞翔。

在晚侏罗世，喙嘴龙（见第 62~63 页）等长尾翼龙类开始让位于短尾、长颈和长喙的翼龙。新成员的长喙里面长着小牙齿，或者根本没有牙齿。它们常被称为翼手龙类，得名于第一种被人发现的此类翼龙——翼手龙。长而有力的翅膀让翼手龙善于飞翔，强壮的腿部和大脚说明它们可能在地面或浅水中猎食。

翼行

与较早的长尾翼龙类不同，翼手龙及其近亲善于在陆地上生活。硬化淤泥里保存的足迹化石表明翼手龙行走时四肢着地，用前肢支撑身体前部，翅膀会在行走时折起。

海岸流浪者

翼手龙可能会和这只鹬一样在柔软的沙地、泥滩或浅水中寻找猎物。颌部前端锋利的牙齿非常适合捕捉小鱼、虾和其他在浅水中游动的动物。

正在捉鱼的鹬

蹼足

保存最完好的化石表明翼手龙的长脚趾间长有蹼，类似海鸟。因此，它们可以走在柔软的淤泥上而不下陷，或许还可以像鸭子一样游泳。

翼龙

翼手龙

生存年代： 1.55亿~1.45亿年前

栖息地： 潮汐海岸

翼展： 1米

食物： 小型海生动物

骨板

剑龙的背部有两排深植于皮肤的交错的骨板，叫作背板，背板并未与骨骼相连。美国化石猎人奥塞内尔・查尔斯・马什于 19 世纪 70 年代发现了剑龙化石。他复原这种恐龙的时候，将背板平放在了背部。

尾刺
剑龙防御天敌的手段是用多刺的尾部发起攻击。

剑龙

剑龙是剑龙类中最巨大的成员之一，因背部的宽大骨板而为人熟知。它们的防御武器对掠食者来说非常危险。

与较小的近亲钉状龙（见第 64~65 页）一样，著名的剑龙也有一排令人惊叹的背板，即棘突。虽然棘突是做御敌之用，但巨大的背板更像是为了炫耀而生，让剑龙在与同类争夺地位和领地时看上去更加威武。它们用锋利的喙部采集蕨类和其他低矮的植物，可能也会用后肢站起来在乔木间觅食或应对危险。

不太聪明

剑龙的大小和大象相仿，但它们脑部的大小最多和犬类相同。它们可能不是非常聪明，但简单的植食性生活也不需要它们做出太多困难的决定。

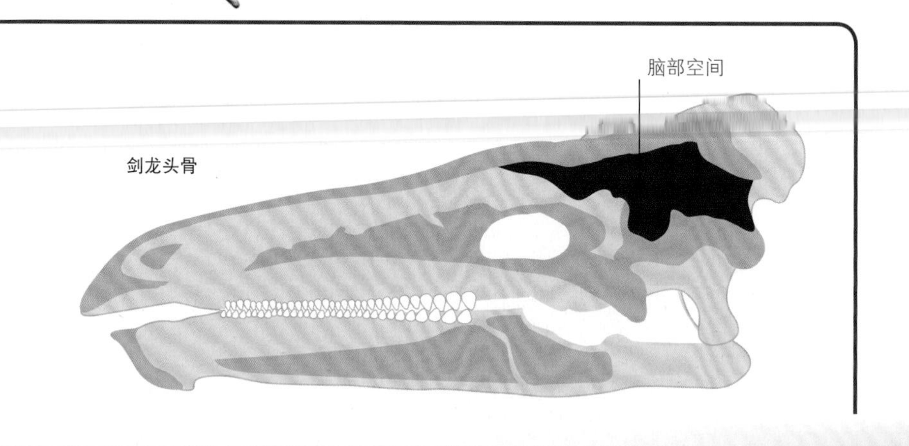

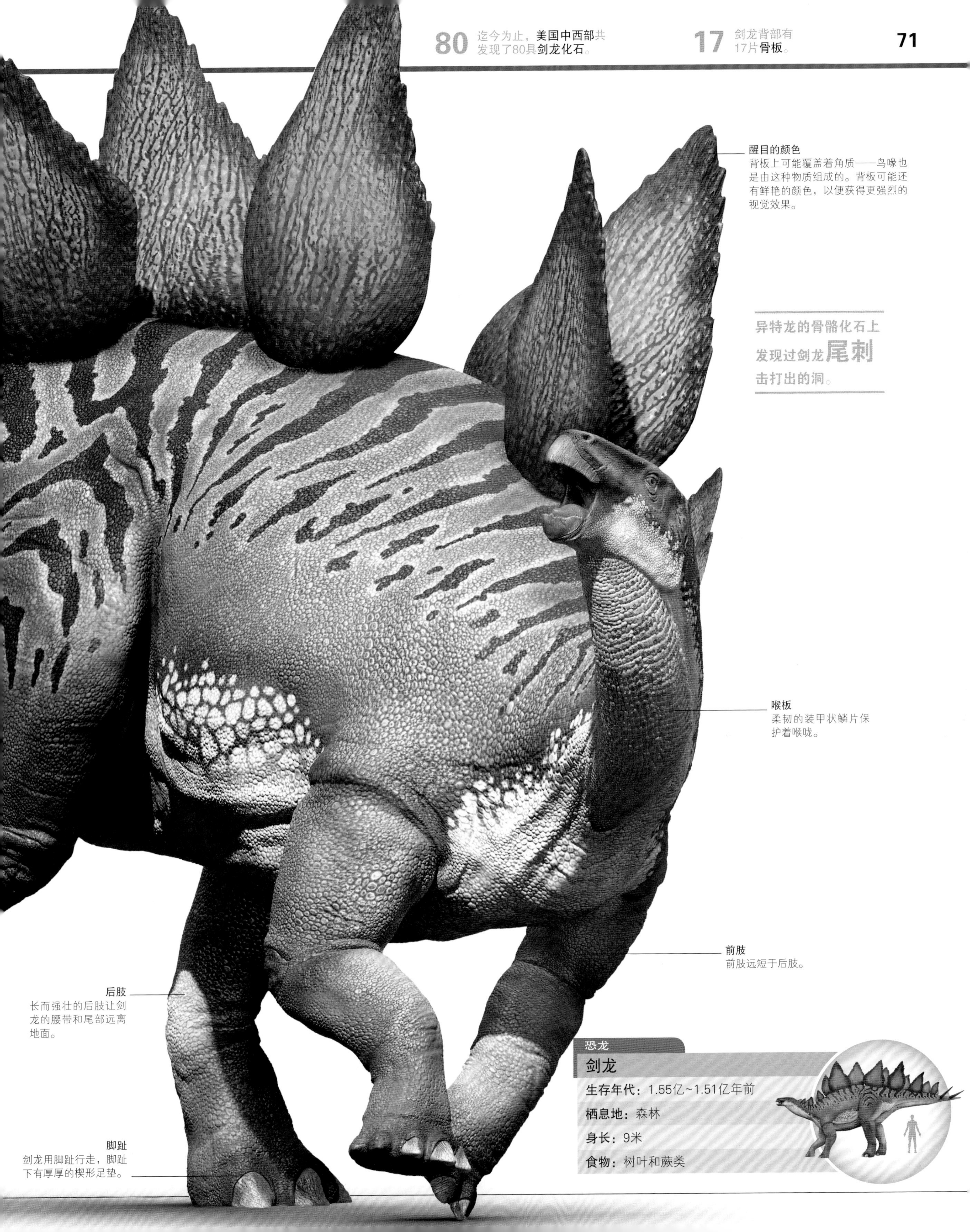

异特龙的骨骼化石上发现过剑龙尾刺击打出的洞。

恐龙

剑龙

生存年代：1.55亿~1.51亿年前

栖息地：森林

身长：9米

食物：树叶和蕨类

短角
眼部上方有一对短角。

侧视
异特龙的眼睛朝向两边，这在掠食者中十分少见。

刀刃利齿
强壮但狭窄的头骨上有70多颗牙齿，牙齿均带有类似牛排刀刀刃的锯齿状锋利边缘。牙齿不断更替，永远不会失去锋芒。

异特龙

在晚侏罗世，这种可怕的猎手是北美洲最常见的大型掠食者之一。对于犀牛大小的剑龙（见第 70~71 页）而言，长着满口利齿的异特龙是它们的死敌。异特龙甚至可能会攻击幼年大型蜥脚类恐龙，比如梁龙（见第 66~67 页）。

巨大的植食性恐龙在侏罗纪里逐渐演化得越来越大，它们的天敌也进化出了更巨大的身体。异特龙是最强大的掠食者之一，而且明显专为捕食巨大的猎物而生。它们在猎物骨头上留下的伤痕证明了这一点，但人们仍不十分清楚它们到底如何压制猎物。化石证据表明，它们的猎物也会反抗，每一次捕猎都是生与死的较量。

有力的爪子
手掌上的3根手指都带有极为强壮的钩状利爪，可见异特龙会用前肢抓住挣扎的猎物并摁在地上，以防对方逃跑。

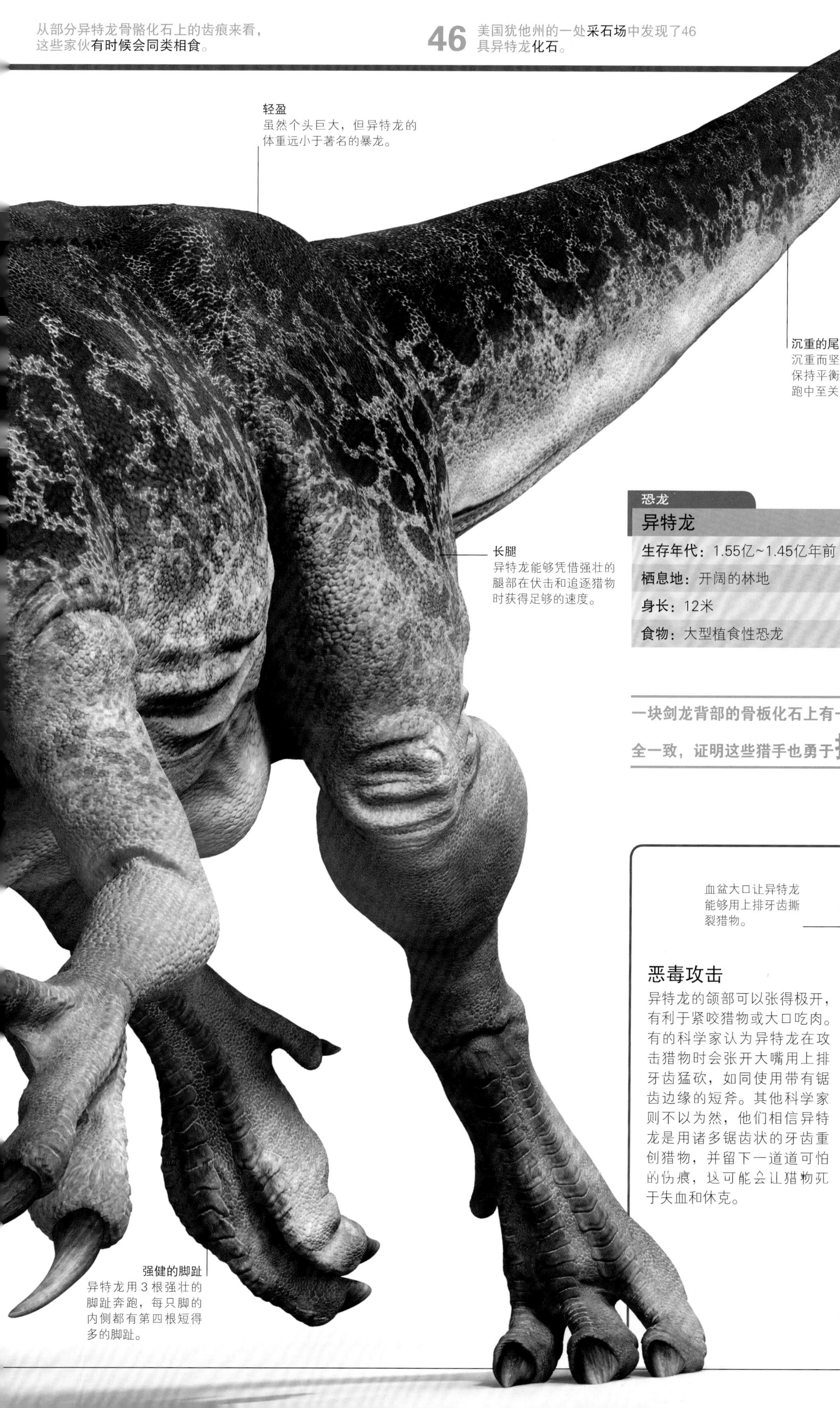

轻盈
虽然个头巨大，但异特龙的体重远小于著名的暴龙。

沉重的尾巴
沉重而坚硬的长尾巴向后伸出保持平衡，这在快速的两足奔跑中至关重要。

长腿
异特龙能够凭借强壮的腿部在伏击和追逐猎物时获得足够的速度。

恐龙

异特龙

生存年代：1.55亿~1.45亿年前

栖息地：开阔的林地

身长：12米

食物：大型植食性恐龙

一块剑龙背部的骨板化石上有一排U形齿痕，同异特龙的颌部完全一致，证明这些猎手也勇于挑战危险的猎物。

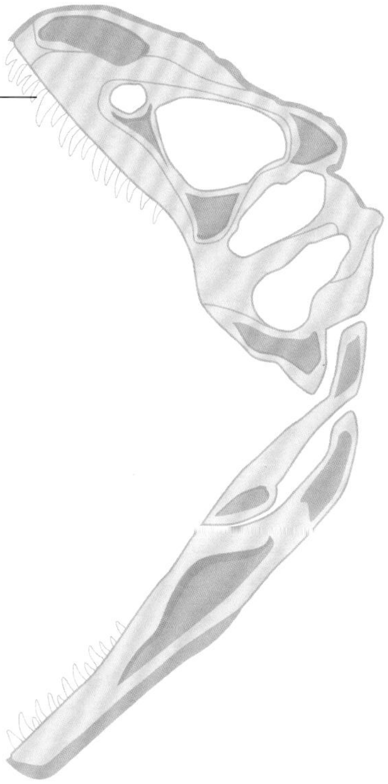

血盆大口让异特龙能够用上排牙齿撕裂猎物。

恶毒攻击

异特龙的颌部可以张得极开，有利于紧咬猎物或大口吃肉。有的科学家认为异特龙在攻击猎物时会张开大嘴用上排牙齿猛砍，如同使用带有锯齿边缘的短斧。其他科学家则不以为然，他们相信异特龙是用诸多锯齿状的牙齿重创猎物，并留下一道道可怕的伤痕，这可能会让猎物死于失血和休克。

强健的脚趾
异特龙用3根强壮的脚趾奔跑，每只脚的内侧都有第四根短得多的脚趾。

这种巨大的蜥脚类恐龙的体重**相当于6头大象。**

轻盈的脖子

脖子极长却十分轻盈，因为骨骼中有一个气腔组成的网络。所有的长脖子蜥脚类都有这个特征，这也有助于保持平衡。

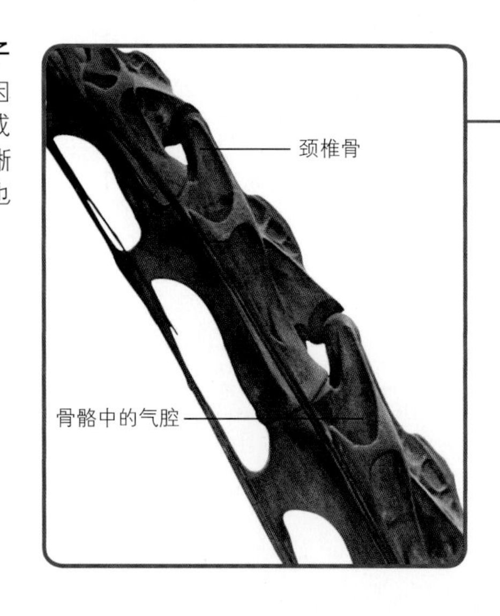

长颈巨龙

这种大型植食性恐龙可谓是“龙”如其名，因为它们犹如一只只巨型长颈鹿。极长的脖子让它们不用抬起前腿就可以享用到侏罗纪树冠上的美餐。

长颈巨龙和梁龙（见第 66~67 页）一样属于蜥脚类，但是演化分支有所不同。它们四肢站立时只需用长脖子就能够到树冠上的树叶，无须用后肢站立。它们也是有史以来最高的恐龙之一。长颈巨龙是美洲腕龙的非洲亲戚，这两种恐龙十分相似。长颈巨龙的头骨以化石形式保留了下来，为我们提供了研究它们牙齿形状和进食方式的线索。

头骨形状

这种恐龙的口鼻很宽大，里面长有略似汤匙的简单牙齿。这种牙齿可以从树上采食树叶。吻部上方高高的弓形骨保护着鼻子的软组织。

趾高气扬

极长的脖子和伸展的前肢让这种蜥脚类恐龙能享用到离地 15 米的嫩叶。我们得用消防车云梯才能和它们对视。另一种名叫波塞冬龙的大型蜥脚类可能更高，但它们的化石太过零碎，无法了解它们确切的身高。

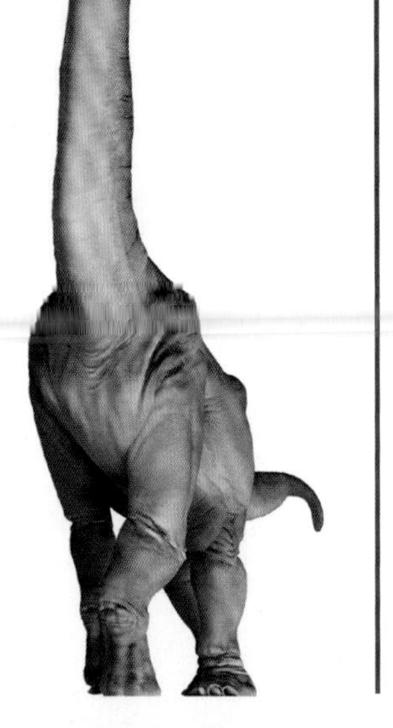

昂首阔步

现生长颈鹿特别擅于采食高大树木树冠上的叶片。这多亏了它们的长脖子和长腿，最高的长颈鹿可以吃到离地 5 米的食物，其他食用树叶的动物都无法达到这个高度。长颈巨龙也有类似的特征，但它们的前肢长于后肢，尽可能地抬高了肩部。

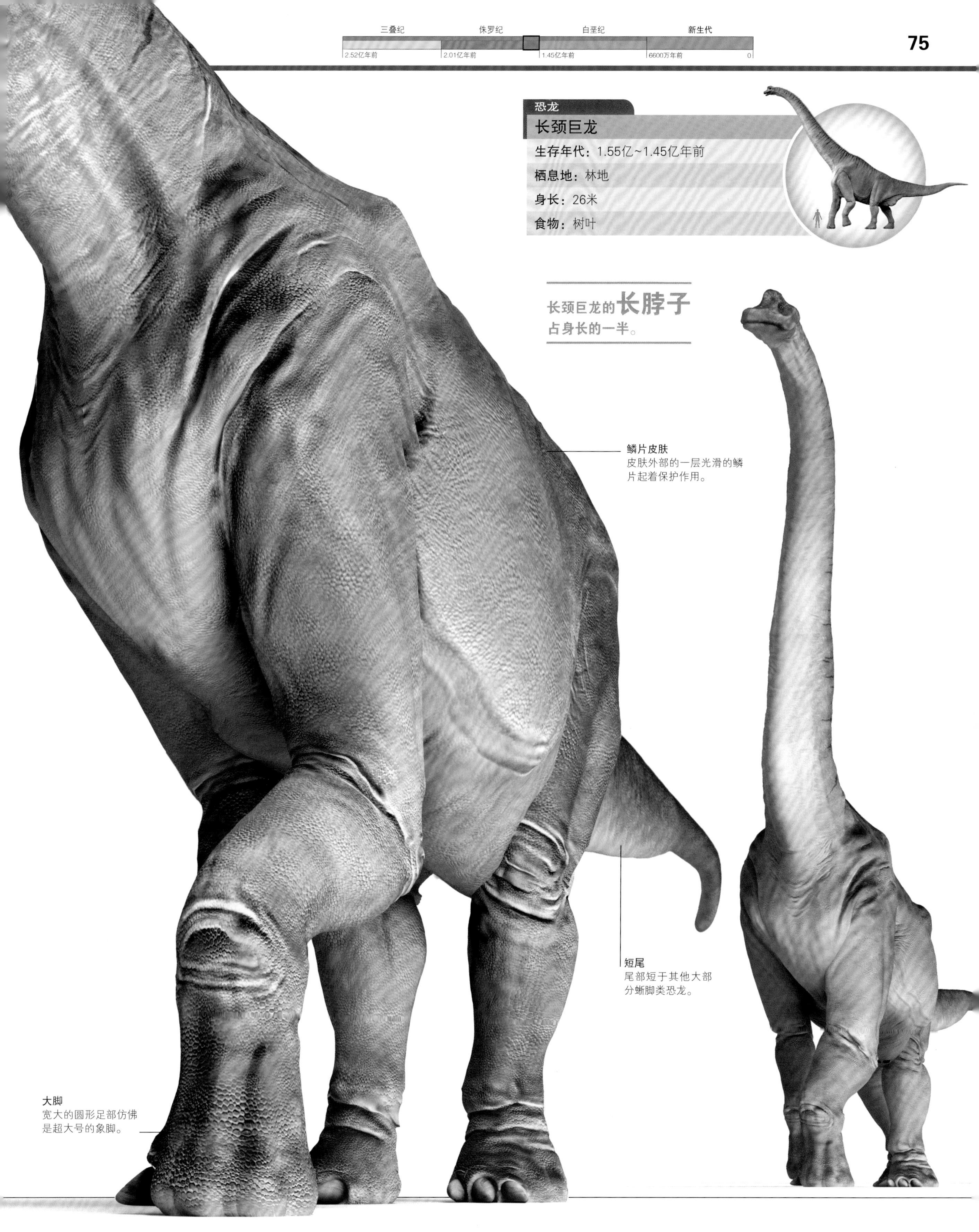

三叠纪
侏罗纪
白垩纪
新生代
2.52亿年前
2.01亿年前
1.45亿年前
6600万年前
0
恐龙
长颈巨龙
生存年代：1.55亿~1.45亿年前
栖息地：林地
身长：26米
食物：树叶
长颈巨龙的长脖子
占身长的一半。
鳞片皮肤
皮肤外部的一层光滑的鳞片起着保护作用。
短尾
尾部短于其他大部分蜥脚类恐龙。
大脚
宽大的圆形足部仿佛是超大号的象脚。

骨质尾部
长有羽毛的尾部带有长长的骨质脊柱，这是典型的兽脚类尾部。

完美的化石

这只始祖鸟丧生时埋进了柔软的淤泥中。在数亿年的时间里，淤泥硬化成了石灰岩，位于德国南部的索尔恩霍芬。这些石头保存了骨骼和羽毛印痕的每一个细节，这也是第一具羽毛化石。

始祖鸟化石

飞羽
这具始祖鸟化石表明，羽轴一侧有宽大的羽片，而另一侧的羽片较窄。现生飞鸟的翅膀羽毛也有同样的结构，因此可断定始祖鸟能够飞翔。

羽毛覆盖的腿部
新的研究表明，始祖鸟腿部有着长长的“飞羽”。

杀手的利爪
足部类似伶盗龙（见第108~109页），有抬起的第二趾，上面也带有利爪。

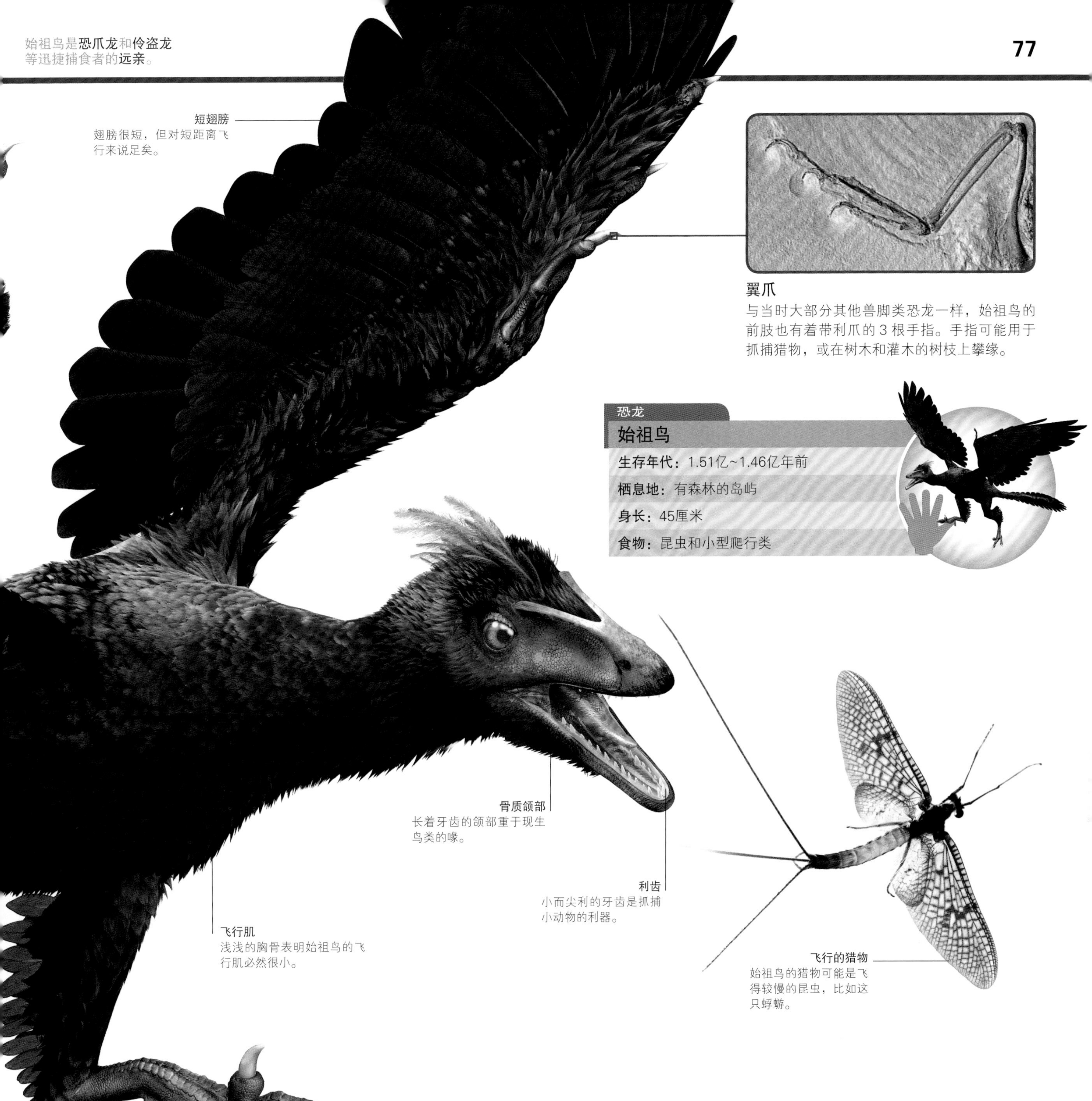

始祖鸟

始祖鸟的第一具化石发现于1861年，化石清晰地展示了鸟一样的羽毛，但其骨骼和很多中生代的小型恐龙没有什么区别。

始祖鸟和现生鸟类不同，它们有沉重的有齿颌部、长有爪子的翅膀和骨质长尾。最近在中国发现了很多不会飞行的披羽兽脚类恐龙，始祖鸟和它们极为相似，但翅膀更长，翅羽也具有飞行鸟类的基本结构。因此，虽然不是十分擅长，但始祖鸟可能已经有了飞行能力。这可能会赋予它们“已知最古老的飞行恐龙”的桂冠，科学家仍未对它们是否是狭义上的鸟类达成共识。

10 目前共发现了10具始祖鸟化石。

白垩纪生命

白垩纪是中生代的最后一个纪元，这是恐龙的天下。在侏罗纪中分裂的超大陆形成了很多较小的大陆，恐龙的种类更加繁多，形态更加惊人。白垩纪中还演化出了有史以来最大的飞行动物。

白垩纪世界

佚罗纪结束于约 1.45 亿年前，此时正值大量海洋生命灭绝的前夕。这场灭绝对陆地的影响较小，也宣告了白垩纪的开端。白垩纪一直延续到了 6600 万年前的中生代末期。在这段漫长岁月里，各个大陆进一步拉开距离，各个陆块上的生命也在以不同的方式演化。因此，物种更加丰富，特别是恐龙也演化出了很多新的种类。

北冰洋

北美洲

北美洲被一条南北向的海道分开，现在这块地方是草原。

北大西洋

太平洋

加勒比海将北美洲和南美洲完全分开。

南美洲

南大西洋诞生，隔开了南美洲和非洲。

南大西洋

白垩纪的大陆和海洋
1.45亿~6600万年前

变化的世界

劳亚古陆和冈瓦纳古陆在白垩纪里开始分裂。大西洋将美洲与亚洲及非洲分开，印度半岛成为被海水包围的孤独大陆。起初，高海平面淹没了这些大陆的部分地区，模糊了它们的界限。但是到了白垩纪末期，各个大陆已经有了今天的形状。

环境

白垩纪中大陆的分离为生命造就了更加多样的环境。每块大陆都有独特的形状和气候，从热带到极地不一而足。这让隔绝在各块大陆上的动植物各自以不同的方式演化成新的物种。

气候

当时的地球以温暖和煦的气候为主，棕榈树的分布范围远至阿拉斯加。但在接近白垩纪末期的时候，全球温度开始下降，这可能是因为部分大陆向靠近两极的方向移动。

林地
地球上广泛分布着茂密的热带森林和较开阔的林地，大片的针叶树丛间出现了新的树木和矮小的植物。

干旱的灌木丛
亚洲中心地带等地区是沙漠和半荒漠，长有矮小的植被。这些地区的边缘最终变成了草原。

代	中生代		
纪	三叠纪	佚罗纪	
亿年前	2.52	2.01	1.45

欧亚大陆

亚洲顺时针旋转，非洲移向北方，这让它们靠得更近。

特提斯海

非洲

澳大利亚大陆依然和南极洲相连，它们都接近寒冷的南极。

印度半岛

南极洲

图例

古代陆块

现代陆块的轮廓

动物

白垩纪的动物群和侏罗纪类似，但大陆的分离使物种更加丰富。因为被海洋隔开的动物群体不能杂交，于是世界上出现了很多新的恐龙。小型动物也诞生了新的成员，特别是以花朵为食的昆虫。

陆生无脊椎动物
地球上出现带有花蜜的花朵之后，多种食蜜动物也随之诞生，比如蝴蝶和蜜蜂。蜘蛛和其他小动物也兴旺起来。

琥珀中的蜘蛛

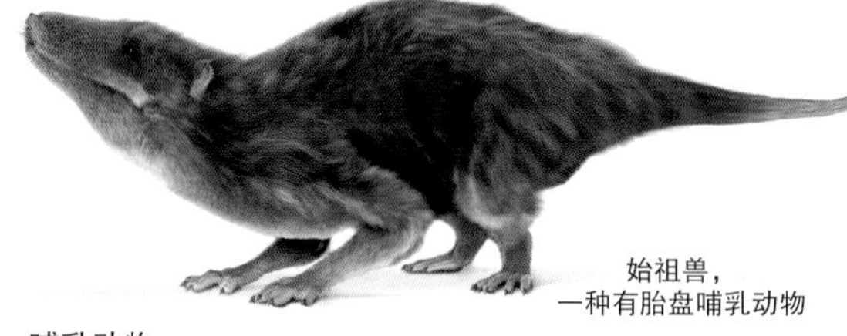
始祖兽，
一种有胎盘哺乳动物

哺乳动物
小型哺乳动物诞生于三叠纪，但最初的有胎盘哺乳动物演化于白垩纪。这一类群是今天最常见的哺乳动物。

恐龙
恐龙演化出了很多特化的种类，包括各种披羽兽脚类，比如阿拉善龙。

阿拉善龙

海洋生命
大型海生爬行动物依然是海洋中的顶级掠食者，但也有其他猎手向它们发起了挑战，这些挑战者中就有弓鲛等鲨鱼。鲨鱼以鱼类和菊石等无脊椎动物为食。

弓鲛

植物

白垩纪见证了植物的巨变，开花植物和禾本科植物终于诞生。但开花植物在白垩纪末期之前都不及来自侏罗纪的针叶树、蕨类、苏铁类和银杏类那般繁荣。

蕨类
这些喜阴植物在森林中欣欣向荣，它们是很多植食性恐龙的主要食物来源。

针叶树
红杉等针叶树占据着主要地位，阔叶树也变得越来越常见。

银杏类
包括树木在内的开花植物在白垩纪末期站稳了脚跟，银杏类和苏铁类却日渐稀少。

开花植物
到了白垩纪末期，许多地方都开出了早期的花朵，比如玉兰和睡莲。

白垩纪 | 新生代

0.66 | 0

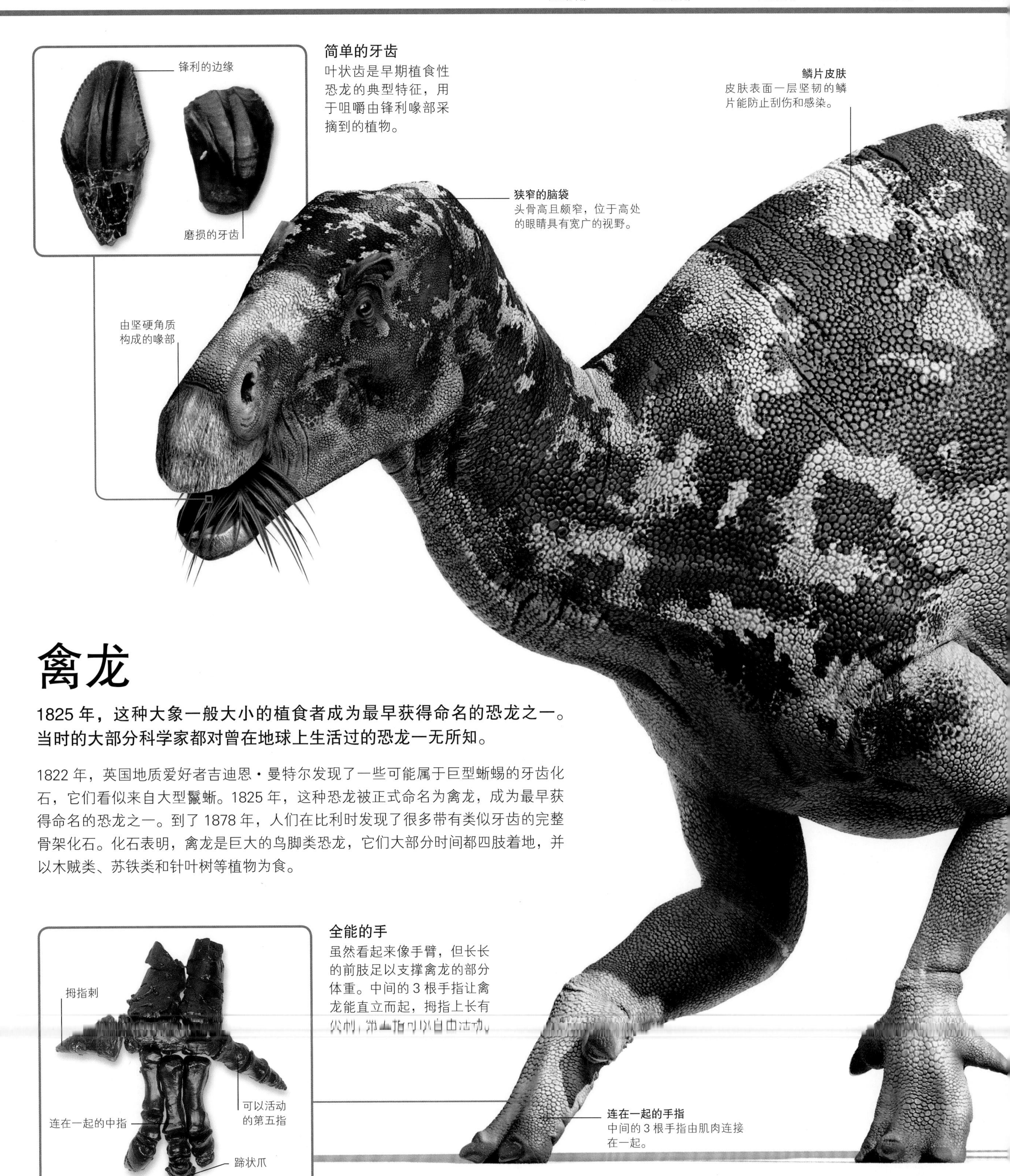

简单的牙齿
叶状齿是早期植食性恐龙的典型特征，用于咀嚼由锋利喙部采摘到的植物。

鳞片皮肤
皮肤表面一层坚韧的鳞片能防止刮伤和感染。

狭窄的脑袋
头骨高且颇窄，位于高处的眼睛具有宽广的视野。

禽龙

1825 年，这种大象一般大小的植食者成为最早获得命名的恐龙之一。当时的大部分科学家都对曾在地球上生活过的恐龙一无所知。

1822 年，英国地质爱好者吉迪恩・曼特尔发现了一些可能属于巨型蜥蜴的牙齿化石，它们看似来自大型鬣蜥。1825 年，这种恐龙被正式命名为禽龙，成为最早获得命名的恐龙之一。到了 1878 年，人们在比利时发现了很多带有类似牙齿的完整骨架化石。化石表明，禽龙是巨大的鸟脚类恐龙，它们大部分时间都四肢着地，并以木贼类、苏铁类和针叶树等植物为食。

全能的手
虽然看起来像手臂，但长长的前肢足以支撑禽龙的部分体重。中间的 3 根手指让禽龙能直立而起，拇指上长有尖刺，第五指可以自由活动。

连在一起的手指
中间的 3 根手指由肌肉连接在一起。

恐龙

禽龙

生存年代：1.3亿~1.25亿年前

栖息地：森林

身长：9米

食物：植物

吉迪恩·曼特尔

与很多早期的古生物学家一样，吉迪恩·曼特尔也并非专业人士。他是一位喜欢在业余时间收集化石的乡村医生。他和妻子玛丽在英国南部的采石场里发现了巨大的牙齿化石。但是，其他科学家花了 3 年时间才承认它们属于曼特尔所命名的恐龙——禽龙。

解释

曼特尔描述的化石显然是大型爬行类的遗骸，但他只发现了几颗牙齿和几根骨头，因此这种动物的外形在当时是个谜。人们起初认为它是四肢外展的蜥蜴，但在 1878 年发现完整的骨架化石后，大家又复原出了像袋鼠一样坐在尾巴上的动物形象。现在，我们认为这是一种有时会用四肢行走的恐龙。

有关禽龙站姿的观点

1825年
四肢外展的蜥蜴

1878年
袋鼠一样的站姿

现今
有时四肢着地

毛皮一样的羽毛
显微镜下可以看到绒毛化石，波浪形状说明它们十分柔韧。这种羽毛在视觉和触觉上都类似毛皮，但实际上是一种分叉的柔软短羽毛。

中华龙鸟

这种迅捷小猎手的化石发现于1996年，在当时引起了轩然大波。它们清晰地显示出中华龙鸟全身覆盖着某种绒毛，颠覆了恐龙都有着裸露的鳞片皮肤这一观点。

在世界其他地区也发现了类似的小型兽脚类骨骼化石，但在发现中华龙鸟之前我们并不知道它们生前有着毛皮样绒毛。事实上，绒毛是由简单的羽毛构成的，部分不能飞的鸟类也有极为类似的结构。这些羽毛十分短小，可能发挥着隔热层的作用，让中华龙鸟能暖和地在中国早白垩世的灌木丛中寻找猎物。

恐龙

中华龙鸟

生存年代：1.3亿~1.25亿年前

栖息地：森林

身长：1米

食物：小动物

绒羽

中华龙鸟的骨骼化石上保存着黑色的绒毛，这些绒毛看起来像是皮毛，但只有哺乳动物才有真正的皮毛，所以这些绒毛必然有其他解释。科学家们发现始祖鸟（见第76~77页）等恐龙有羽毛，从而发现这些绒毛可能是简单的羽毛。

幼年中华龙鸟的化石

明显的证据

这具化石被上面的岩石压扁了，因此部分细节难以辨认。但是，颈部、背部和尾部有着明显的黑色绒毛，其他部位的绒毛痕迹也都表明中华龙鸟可能全身都布满绒毛。

温暖柔软

仔细检查绒毛化石后发现了两种纤维——中空的粗纤维和与其成一定角度的另一种纤维，后者要比前者细得多。这说明中华龙鸟的羽毛结构和鸵鸟羽毛一致。它们的羽毛比坚硬的飞羽软得多，类似于为鸟类保暖的羽绒。

爬兽

目前来看，爬兽是最巨大的中生代哺乳动物之一。它们体形似獾，是肉食性动物，会和小型恐龙争夺猎物，甚至会捕食小型恐龙。

中生代的大部分哺乳动物都和鼩鼱或老鼠差不多大小，以昆虫等小动物或种子为食，但爬兽要大得多，可能还会捕食其他脊椎动物。它们长着有力的颌部和锋利的牙齿，在一具化石的胃里还发现了鹦鹉嘴龙（见第92~93页）的幼龙。爬兽可能是吃下了已经死亡的幼龙，但追踪并捕杀鹦鹉嘴龙对它们来说也不是难事。

毛茸茸的尾部
化石表明，爬兽有灵活的短尾巴，上面可能覆盖着软毛。

宽大的脚掌
爬兽用宽大的脚掌行走，类似獾或臭鼬。

强壮的腿部
腿部短且强壮，因此这种哺乳动物的觅食范围很广。

发现于爬兽化石胃部
的鹦鹉嘴龙幼龙生前身长不足15厘米。

哺乳动物

爬兽

生存年代： 1.3亿~1.25亿年前

栖息地： 林地

身长： 1米

食物： 小动物和水果

中生代的恶魔

爬兽的体形和大小都类似现生袋獾，力气可能也不相上下。袋獾残暴的性格给它们带来了“塔斯马尼亚恶魔”之名，除了捕食以外，它们也会吃掉很多已经死去的动物。而爬兽可能是更偏向于主动出击的猎手。

袋獾

化石证据

目前发现了两种爬兽，其中一种远大于另一种。这具化石属于最大的种类——巨爬兽。它蜷曲侧卧，尾部盘于腹部下方。虽然胃里的幼龙化石来自较小的种类，但巨爬兽也许可以杀死并吃下更大的猎物。

100 英国怀特岛上的一个化石点里发现了100具棱齿龙化石。

尾部
棱齿龙用长腿奔跑时能靠着坚硬的长尾巴来保持平衡。

保护色
棱齿龙的保护色可以让它们躲过天敌的眼睛。

长腿
肌肉发达的修长后腿让棱齿龙能够飞速奔跑。

利爪
棱齿龙的每只脚上都有4根长着长长利爪的脚趾，可能是用来挖掘植物多汁的根部，还能紧紧抓住林地松软的地面。林地可能是它们的栖身之处。

恐龙

棱齿龙

生存年代：1.3亿~1.25亿年前

栖息地：开阔的林地

身长：1.5米

食物：植物

树栖恐龙？

一些20世纪早期的科学家认为棱齿龙能用脚趾抓住树枝，从而在树上攀爬。格哈德·海尔曼甚至认为它们和树袋鼠一样一生都栖息在树上。但是在1971年仔细研究过棱齿龙的骨骼化石之后，人们发现这纯属无稽之谈。现在，我们可以肯定地说棱齿龙栖息于地面。

撕裂食物的牙齿

与其他鸟脚类一样，棱齿龙也有喙部，上颌两侧还各有5颗尖利的门牙。扇形的臼齿形成了剪刀刃结构，下牙向上牙内侧闭合时可以撕裂食物。

棱齿龙长有可以撕裂食物的牙齿，牙齿可能会自行磨利。

棱齿龙

棱齿龙是优雅的植食者，轻盈小巧而又敏捷。它们和很多其他小型恐龙一样，与巨大的亲戚们毗邻而居，并善于在掠食者面前隐藏踪迹。

鸟脚类恐龙在白垩纪中演化出了众多特化形态，比如沉重的禽龙（见第82~83页）及其近亲。但是，较小且特化程度较低的鸟脚类也十分成功，可能是因为它们能够在多种栖息地中生活。棱齿龙是这些小型植食者的代表之一。大部分时间里，它们都在开阔林地的茂密灌木丛中觅食。它们在这里既能躲避天敌，又能在必要时迅速地逃离险境。

孔子鸟

中国辽宁省的岩石里发现了数百具这种披羽恐龙的化石。它们表明 1.2 亿年前的天空中就有成群的似鸟生物飞翔。

乍看之下，孔子鸟和现生鸟类十分类似，它们也有无牙的喙部、长翅膀和相互重叠的飞羽，并且没有长长的骨质尾部。但它们的每只翅膀在弯折处都长着一只巨爪，而且它们也没有正常的尾羽。不过，部分化石显示出了长长的带状尾羽，这可能是个装饰结构。翅膀上的外层飞羽远长于早期鸟类，但它们的飞行肌似乎较小，限制了飞行能力。

长长的初级飞羽
外层羽毛和现生飞鸟的羽毛一样长。

有爪手指
翅膀上强有力的爪子可能有助于攀爬树木。

一片古代湖床中保存着大量孔子鸟化石，这可能是一个全体死于有毒火山气体的族群。

粗短的喙部
孔子鸟的喙部和澳大利亚笑翠鸟一样强壮，它们可能也会捕食小动物。人们曾在一具孔子鸟化石的胃里发现过鱼骨。

成对的带状尾羽

基本上可以确定带有带状长尾羽的孔子鸟化石属于长着繁殖羽的雄性，就像这只亚洲寿带鸟。它们会在繁殖季节用带状羽让自己更加光彩夺目。

短尾
尾部没有现生鸟类所特有的扇形羽毛。

栖枝足
孔子鸟有4根脚趾，其中1根朝后，可以抓紧树枝。

鲜艳的雄性

最近的研究表明，长尾孔子鸟的化石都属于雄性，而雌性的尾部很短，可能也不太艳丽。现生鸟类中通常也存在这种雌雄差异，比如野鸡。雌性（左）具有保护色，可以在筑巢时保护自己，而雄性（右）有着用于炫耀的艳丽的繁殖羽。

长和短

这具化石表明长尾孔子鸟旁边还有一具极为相似的化石，不同的是，这具化石没有尾羽。部分短尾的标本可能属于雌性，另外的则可能是脱去带状尾羽的雄性，这些雄性正在长出新的尾羽。

颊角
脸颊上有突出的似角骨质结构。

鹦鹉一样的喙部
鹦鹉嘴龙得名于鹦鹉一样狭窄的喙部。它们会用这种喙来采食可能包括大量种子在内的各种植物，喙部或许还是开坚果利器！

鹦鹉嘴龙

鹦鹉嘴龙是三角龙（见第138~139页）等大型角龙的小型早期亲戚。在白垩纪中，它们是中国最常见且最成功的植食性恐龙，至少演化出了9个不同的种。

角龙类是鸟臀类恐龙中因角和巨大骨质头饰而闻名的类群。大部分角龙类都生活在晚白垩世。虽然它们是巨大沉重的四足动物，但鹦鹉嘴龙等早期成员要相对小得多，而且用后肢奔跑。同角龙类一样，鹦鹉嘴龙有狭窄的喙部和可以像剪刀一样切开食物的锋利臼齿，但是它们最古怪的特征当属像刷子一样的艳丽鬃毛，鬃毛似乎生长自尾部顶端。

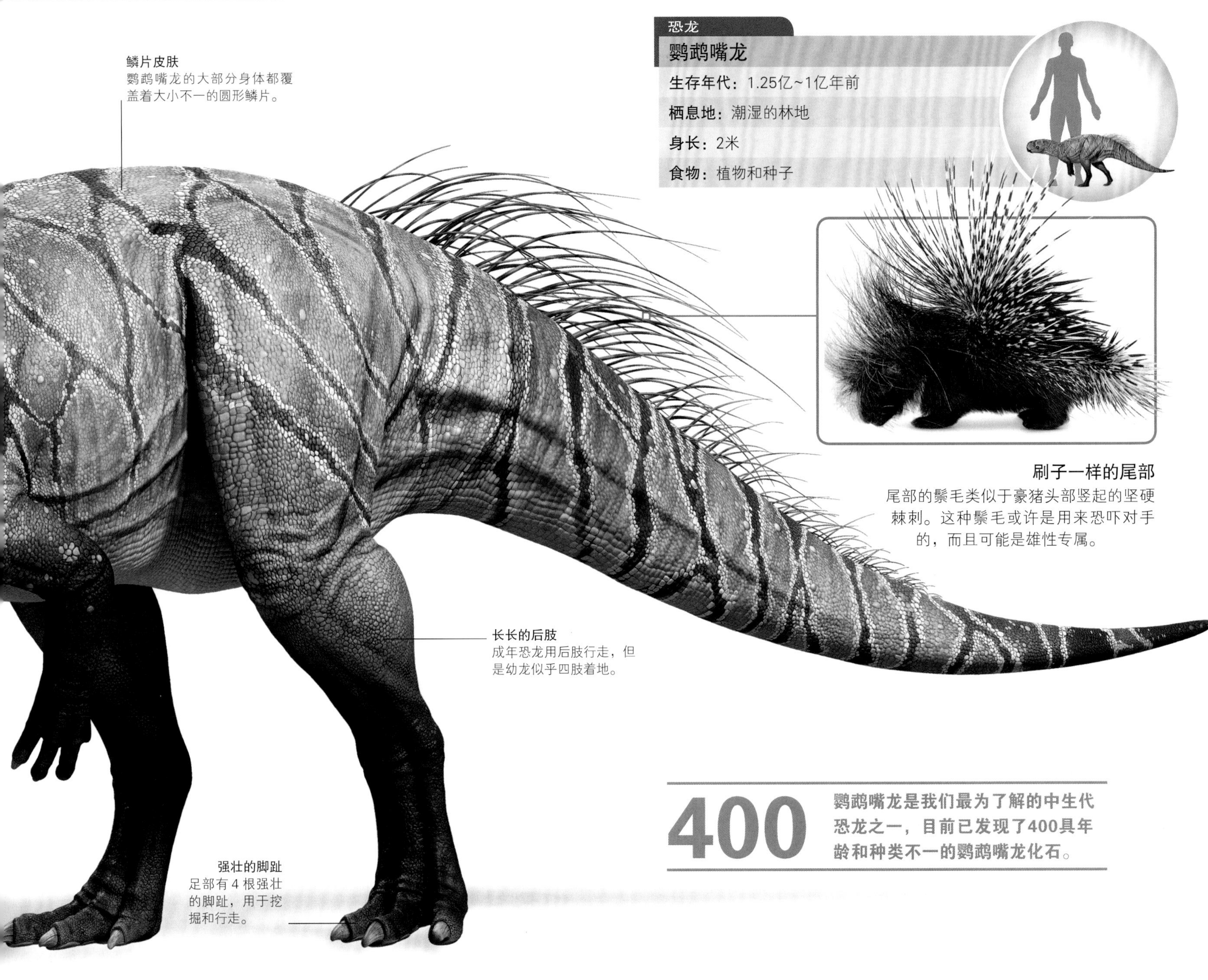

400 鹦鹉嘴龙是我们最为了解的中生代恐龙之一，目前已发现了400具年龄和种类不一的鹦鹉嘴龙化石。

绝妙的化石

一些来自中国的鹦鹉嘴龙化石十分精细，让我们对这种动物有了非常深入的了解。这具化石不仅展示了骨骼，还保存了皮肤的细节、肌肉的形状、胃内容物和尾部顶端的部分刷状长鬃毛。

鹦鹉嘴龙化石

每种穆塔布拉龙都有特殊的叫声，以便**同类之间相互识别**。

穆塔布拉龙

穆塔布拉龙是澳大利亚最著名的恐龙之一，它们得名于距化石点最近的小镇——昆士兰的穆塔布拉。它们最引人注目的特征是吻部顶端的巨大头冠，该结构或许可以膨胀。

穆塔布拉龙的体重和犀牛差不多，它们是巨大的植食性鸟脚类恐龙。虽然和禽龙（见第 82~83 页）相似，但它们属于在禽龙及其亲属诞生之前就演化出来的一支鸟脚类群体。因此，它们生活的年代虽然比禽龙晚 2000 万年，但"进步"的特征较少。穆塔布拉龙是四足动物，不过前肢不适合行走。现在发现了两种穆塔布拉龙，它们支撑头冠软组织的骨质结构有所不同。

可能只有雄性才有头冠，头冠发挥着恐吓雄性竞争者的作用。

同很多植食者一样，穆塔布拉龙或许也在庞大的族群里生活。

部分科学家曾经以为这种恐龙是杂食动物。

恐龙

穆塔布拉龙

生存年代： 1.12亿~1亿年前

栖息地： 森林

身长： 7米

食物： 植物

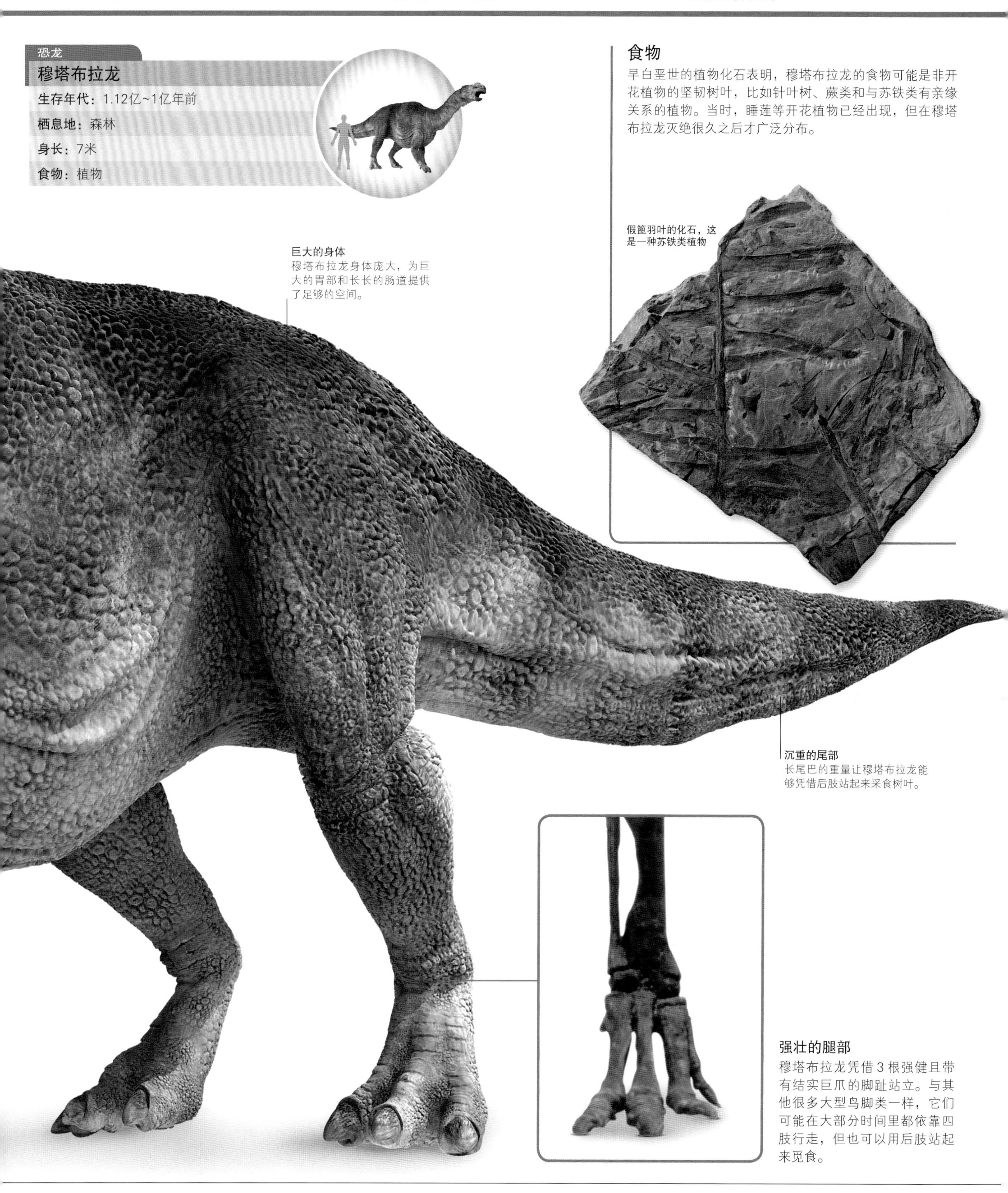

巨大的身体
穆塔布拉龙身体庞大，为巨大的胃部和长长的肠道提供了足够的空间。

食物

早白垩世的植物化石表明，穆塔布拉龙的食物可能是非开花植物的坚韧树叶，比如针叶树、蕨类和与苏铁类有亲缘关系的植物。当时，睡莲等开花植物已经出现，但在穆塔布拉龙灭绝很久之后才广泛分布。

假篦羽叶的化石，这是一种苏铁类植物

沉重的尾部
长尾巴的重量让穆塔布拉龙能够凭借后肢站起来采食树叶。

强壮的腿部

穆塔布拉龙凭借3根强健且带有结实巨爪的脚趾站立。与其他很多大型鸟脚类一样，它们可能在大部分时间里都依靠四肢行走，但也可以用后肢站起来觅食。

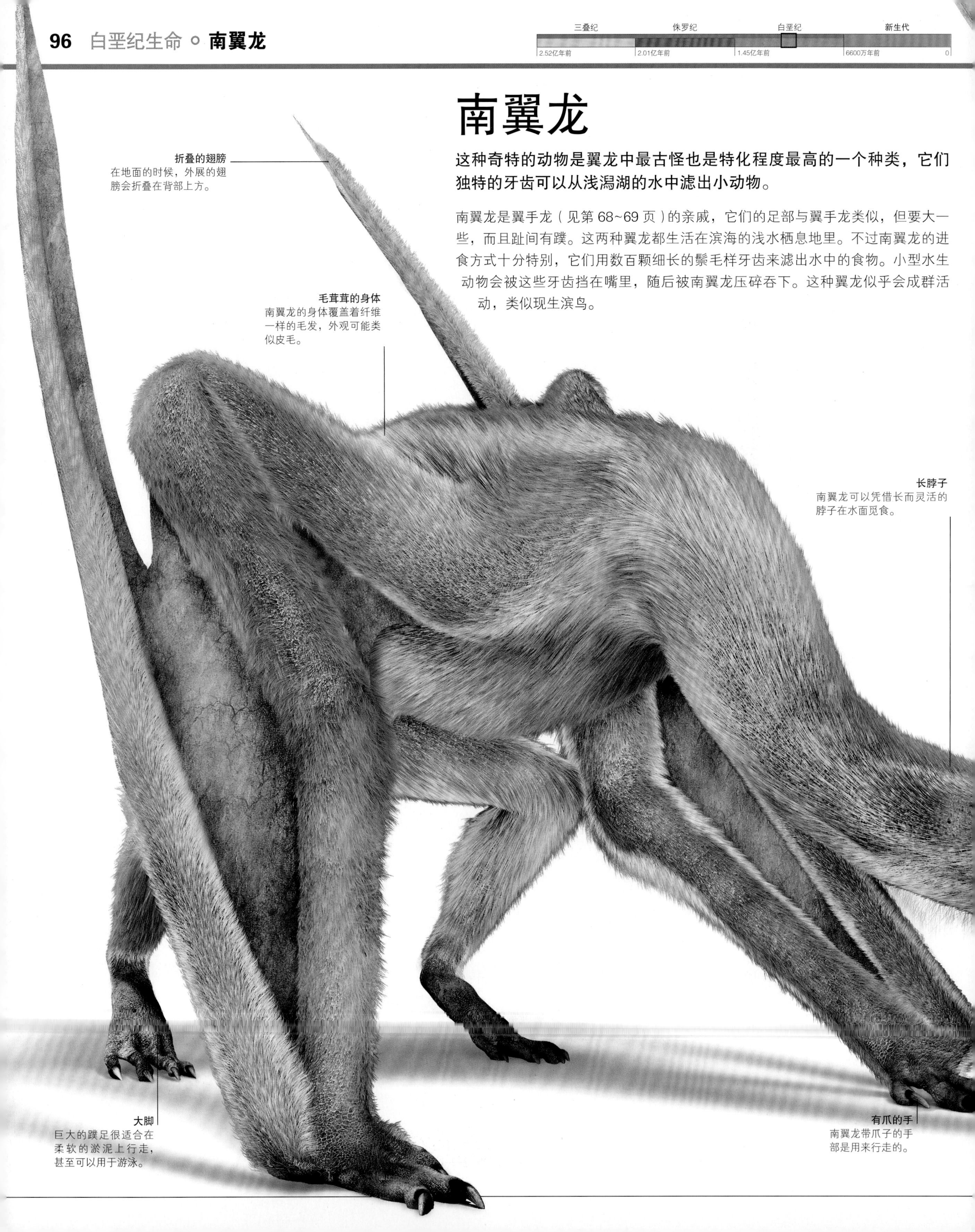

南翼龙

这种奇特的动物是翼龙中最古怪也是特化程度最高的一个种类，它们独特的牙齿可以从浅潟湖的水中滤出小动物。

南翼龙是翼手龙（见第 68~69 页）的亲戚，它们的足部与翼手龙类似，但要大一些，而且趾间有蹼。这两种翼龙都生活在滨海的浅水栖息地里。不过南翼龙的进食方式十分特别，它们用数百颗细长的鬃毛样牙齿来滤出水中的食物。小型水生动物会被这些牙齿挡在嘴里，随后被南翼龙压碎吞下。这种翼龙似乎会成群活动，类似现生滨鸟。

折叠的翅膀
在地面的时候，外展的翅膀会折叠在背部上方。

毛茸茸的身体
南翼龙的身体覆盖着纤维一样的毛发，外观可能类似皮毛。

长脖子
南翼龙可以凭借长而灵活的脖子在水面觅食。

大脚
巨大的蹼足很适合在柔软的淤泥上行走，甚至可以用于游泳。

有爪的手
南翼龙带爪子的手部是用来行走的。

翼龙

南翼龙

生存年代：1.12亿~1亿年前

栖息地：潮汐海岸

翼展：2.5米

食物：小型海生动物

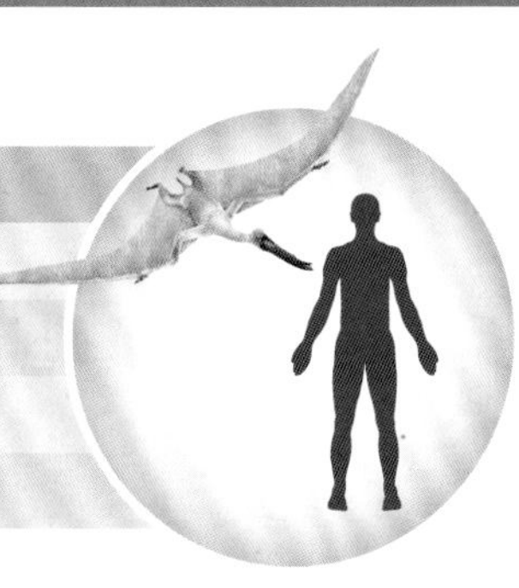

长翅膀

长长的翅膀使南翼龙同大部分现生滨鸟一样具有出色的飞行能力。

滤食者

南翼龙的鬃毛样牙齿和滤食性蓝鲸嘴里的鲸须十分相似。蓝鲸依靠鲸须过滤海水来获得食物。许多蓝鲸巨大而强壮的舌头充当着强力水泵的角色，舌头在南翼龙身上似乎也发挥着同样的作用。

非同寻常的牙齿

下颌牙长30厘米且形似扁平的鬃毛，在颌部两侧组成了一排梳子样结构。上颌也有数以百计的小牙齿，可能是用于压碎猎物。

社会性动物

南翼龙向上弯曲的颌部类似反嘴鹬的喙。反嘴鹬捕食时立于水中，将喙伸入水里左右晃动。这种鸟过着群居觅食的生活，而人们在同一处化石点里发现了数百具南翼龙化石，这表明南翼龙也具有这种习性。

颌肌

化石上保存着强壮颌肌的痕迹，颌肌迫使水从筛网状的牙齿之间挤出。

部分科学家认为和火烈鸟食谱相同的南翼龙可能也被染成了粉色。

危险的猎物

在楯甲龙生活的年代里，强大的暴龙们还没演化出力可透骨的巨大牙齿。楯甲龙的主要对手是长着刀刃牙齿的掠食者，这种牙齿擅长撕裂坚韧的皮肤，但遇到骨头容易折断。这类掠食者中最庞大成员——高棘龙，可能也会对楯甲龙望而却步。

高棘龙

骨质突起

一排排带有坚实骨芯的巨大圆锥状突起保护着楯甲龙的背部。紧密分布的较小骨质结节在突起之间组成了柔韧的盾甲。

尾部利刃
尾部两侧均长有边缘锋利的板状结构，使尾部成为有力的防御武器。

楯甲龙

由骨质突起和浮夸肩刺组成的可怕铠甲，让楯甲龙成为早白垩世最惊人的恐龙之一。它们同当时诸多利齿掠食者势均力敌。

楯甲龙不仅属于甲龙类，它们还是特殊类群——结节龙科中的一员。这类恐龙长有诸多棘突，但没有包头龙（见第 124~125 页）等甲龙科成员的沉重尾锤。棘突让楯甲龙坚不可摧，它们还可以用全副武装的尾部来保护自己，可能也会利用夸张的外表来恐吓对手或吸引配偶。

短腿
楯甲龙凭借 4 条强壮的短腿站立，头部距离地面很近。

棘突防御
很多现生爬行动物都有带棘突的皮肤，以便抵御天敌。这种澳大利亚的棘蜥远小于楯甲龙，但多刺的程度不相上下。
恐龙
楯甲龙
生存年代：1.15亿~1.1亿年前
栖息地：平原和森林
身长：8米
食物：植物
颈部棘突
这种棘突的长度远超防御所需，还有可能是为了炫耀。
喙部和牙齿
楯甲龙窄窄的喙部有助于挑选最有营养的植物，它们还会用小而简单的牙齿咀嚼。
从大量发现的骨骼化石来看，楯甲龙是早白垩世
北美洲最常见的恐龙之一。

警戒之声

早秋的傍晚时分，一群鹦鹉嘴龙在森林的湖泊中觅食。它们在浅水里寻找能用锋利喙部拔出来的多汁植物。

突然一阵骚乱，它们抬起头，看到一只孔子鸟飞出树丛，许多孔子鸟紧随其后，发出刺耳的警报。孔子鸟从湖面上迅速低掠而过，逃进了另一边的藏身之所。让孔子鸟心惊胆战的东西显然不会对较大的恐龙构成威胁，鹦鹉嘴龙们很快又开始埋头大吃。

棘龙

棘龙的身体比强大的君王暴龙（见第 140~141 页）还长，体重可能也更重一些。这种巨大的兽脚类恐龙可能是有史以来最庞大的陆生掠食者。

它们不仅是历史上最令科学家兴奋的恐龙之一，还跻身最神秘的物种之列，因为目前只发现了寥寥可数的几块骨骼化石。化石表明它们十分巨大，而且背部长有壮观的“帆”，由延长的椎骨支撑。头骨残骸表明它们有着长着尖牙的极长颌部，这构造和鳄鱼十分相似，可见它们或许会在浅水中捕鱼。

骨质头冠
双眼前方有扇形的短骨质头冠，这是一个装饰性结构。

灵活的脖子
灵活的长脖子让特化的颌部能够迅速出击。

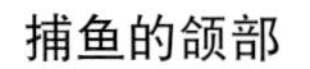

捕鱼的颌部
棘龙的上颌类似鳄鱼，前部长有排列成圈状的长牙，用来捕捉滑溜溜的大鱼再合适不过。吻部的小孔里可能有压力感受器，可用于在浑水中探测猎物。

弯曲的爪子
强壮前肢上的手部长有 3 根手指和大弯爪，拇指上的爪子特别弯。爪子的用途可能是将鱼从水中钩出来。

蹼趾
最长的脚趾可能长有脚蹼，在游泳时起到推进作用。

部分研究者认为**棘龙的“帆”**一直延伸到**接近尾部末端**的地方。

大部分**保存最好的化石**都**毁于第二次世界大战**的空袭。

壮观的背帆
高耸于背部的“帆”让棘龙看起来更加庞大。

灵活的尾部
尾骨表明棘龙有灵活的长尾巴，可以在游泳时当作桨。

棘龙很可能靠捕食河流中的大鱼为生，比如
巨大的锯鳐和腔棘鱼。

鳞片皮肤
与大多数其他大型兽脚类恐龙一样，棘龙的皮肤上可能长有鳞片。

恐龙

棘龙

生存年代：1.12亿~9700万年前

栖息地：热带沼泽

身长：16米

食物：鱼类

新的观点

恐龙专家曾经以为棘龙的体形和其他大型掠食性恐龙相差不远，即拥有方便在陆地上奔走的长长后肢。不过，2014 年的发现表明棘龙的后肢实际上非常短，但棘龙有着可伸展的巨大足部。这些特征让我们几乎可以断定它们是一群游泳者，大部分时间都待在大河中捕鱼。在陆地上行走时，它们会四肢并用。

阿根廷龙

虽然很多恐龙都是巨型恐龙，但这种硕大无朋的龙中泰坦大得让人难以置信。它们是有史以来最庞大的恐龙之一。

长脖子的蜥脚类恐龙组成了巨龙类，它们繁盛于晚侏罗世，消失于白垩纪最末期的大灭绝，阿根廷龙也是其中的一员。在蜥脚类族群里，虽然有些成员个头较小，但阿根廷龙是名副其实的巨型恐龙。它们只留下了部分骨骼化石，但将其与更为人熟知的巨龙骨骼化石比较后发现，阿根廷龙可能拥有陆生动物中空前绝后的超大体重。与大多数蜥脚类恐龙一样，阿根廷龙演化出了可以从高处树枝上采食树叶的特化结构，它们或许需要吃下所有能找到的植物来满足旺盛的食欲。

有关阿根廷龙的所有知识都是从几根肋骨、几块椎骨和两条腿骨中推测出来的。所以，现在我们仍不确定它们到底有多庞大。

鳞片皮肤
皮肤外有一层坚韧鳞片，保护着恐龙的身体。

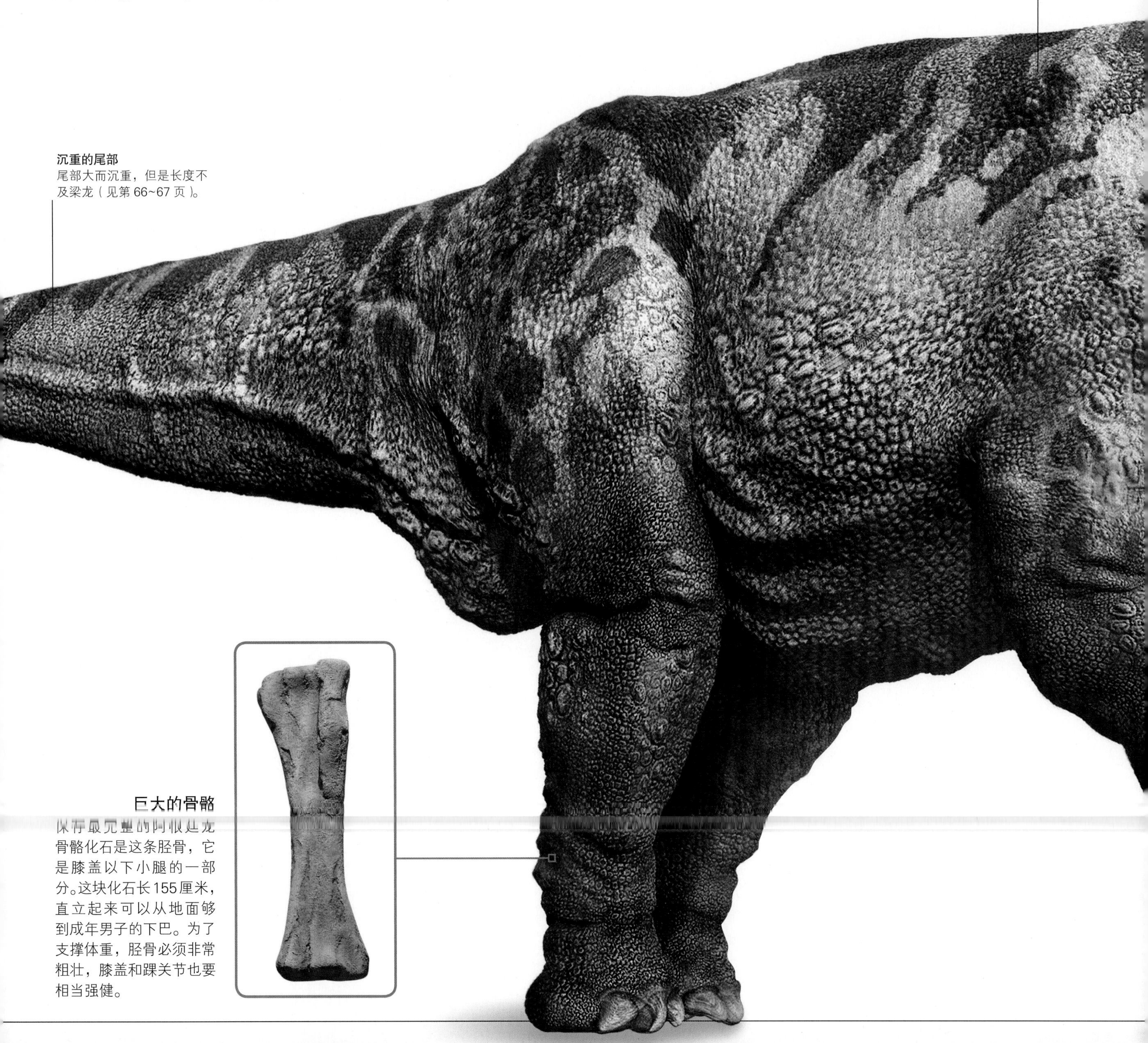

沉重的尾部
尾部大而沉重，但是长度不及梁龙（见第66~67页）。

巨大的骨骼
保存最完整的阿根廷龙骨骼化石是这条胫骨，它是膝盖以下小腿的一部分。这块化石长155厘米，直立起来可以从地面够到成年男子的下巴。为了支撑体重，胫骨必须非常粗壮，膝盖和踝关节也要相当强健。

恐龙

阿根廷龙

生存年代： 9600万~9400万年前

栖息地： 森林

身长： 35米

食物： 植物

头骨

我们尚未发现阿根廷龙的头骨，但是科学家认为它们的头骨有着宽而短的吻部，前部长着巨大的铅笔状牙齿，但没有咀嚼齿。此处展示的是复原形象。

长脖子

与其他巨龙一样，阿根廷龙也长着能从树冠上觅食的长脖子。

巨龙

虽然阿根廷龙不是最长的恐龙，但可能是最大的一种，体重也可能独占鳌头。不过，在化石猎人找到更完整的骨骼化石之前，我们无法得出确切的结论。

巨型恐龙的体重

阿根廷龙显然非常沉重，科学家分析了为数不多的骨骼化石后认为它们可重达 60~100 吨，相当于至少 6 辆消防车的重量，这对 4 条腿来说可是个巨大的负担。

惊人的体形

作为蜥脚类中的庞然大物，阿根廷龙让当时大多数和它们一同生活在南美洲的恐龙都自惭形秽。它们也比非洲象和长颈鹿等最巨大的现生陆生动物高出不少。

粗壮的脚

巨龙的前足都十分古怪。它们是变异的手，但没有指骨，这说明巨龙是以掌骨站立的。这些骨骼相当于人类的手掌骨。

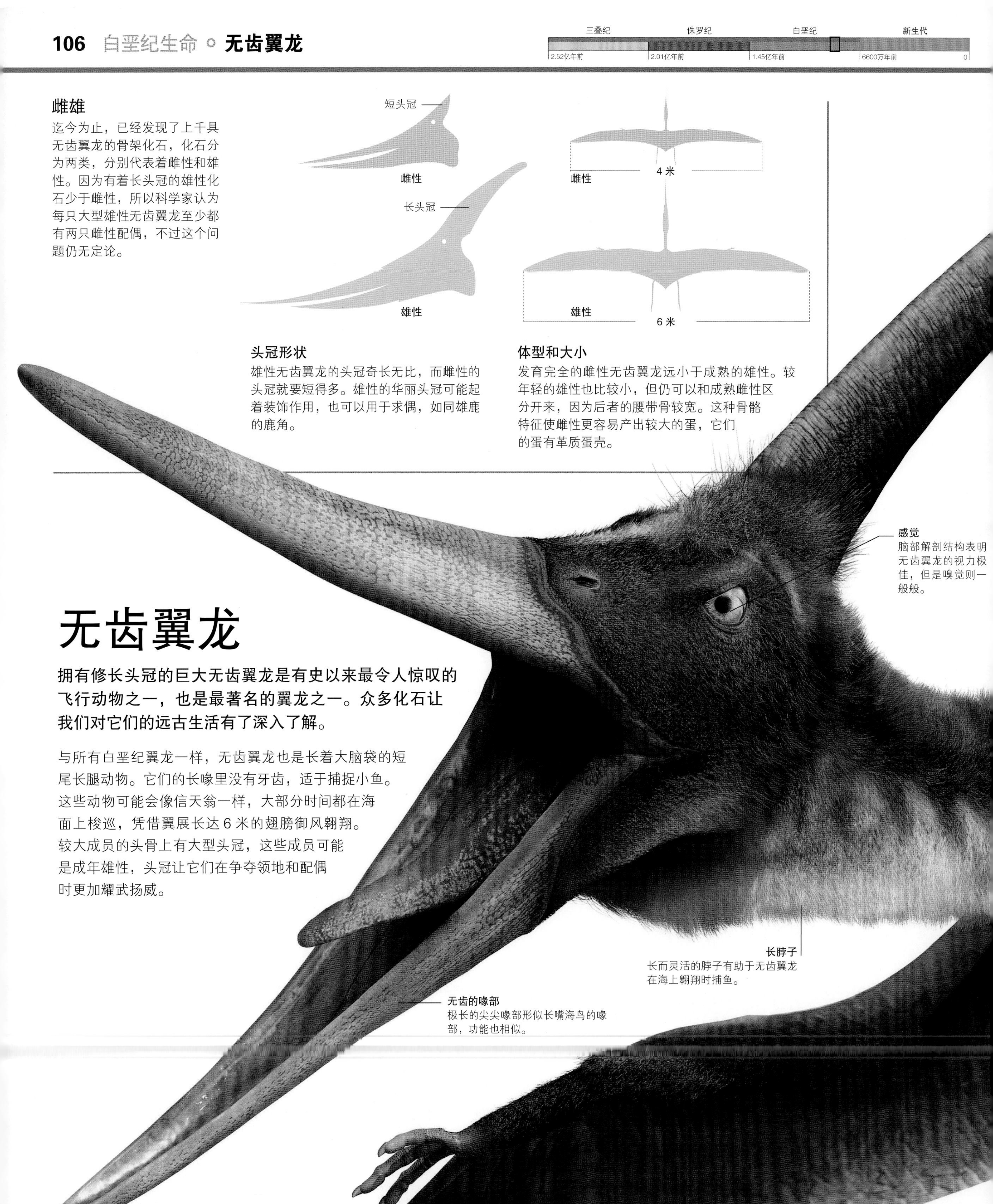

雌雄

迄今为止，已经发现了上千具无齿翼龙的骨架化石，化石分为两类，分别代表着雌性和雄性。因为有着长头冠的雄性化石少于雌性，所以科学家认为每只大型雄性无齿翼龙至少都有两只雌性配偶，不过这个问题仍无定论。

头冠形状

雄性无齿翼龙的头冠奇长无比，而雌性的头冠就要短得多。雄性的华丽头冠可能起着装饰作用，也可以用于求偶，如同雄鹿的鹿角。

体型和大小

发育完全的雌性无齿翼龙远小于成熟的雄性。较年轻的雄性也比较小，但仍可以和成熟雌性区分开来，因为后者的腰带骨较宽。这种骨骼特征使雌性更容易产出较大的蛋，它们的蛋有革质蛋壳。

无齿翼龙

拥有修长头冠的巨大无齿翼龙是有史以来最令人惊叹的飞行动物之一，也是最著名的翼龙之一。众多化石让我们对它们的远古生活有了深入了解。

与所有白垩纪翼龙一样，无齿翼龙也是长着大脑袋的短尾长腿动物。它们的长喙里没有牙齿，适于捕捉小鱼。这些动物可能会像信天翁一样，大部分时间都在海面上梭巡，凭借翼展长达 6 米的翅膀御风翱翔。较大成员的头骨上有大型头冠，这些成员可能是成年雄性，头冠让它们在争夺领地和配偶时更加耀武扬威。

感觉
脑部解剖结构表明无齿翼龙的视力极佳，但是嗅觉则一般般。

长脖子
长而灵活的脖子有助于无齿翼龙在海上翱翔时捕鱼。

无齿的喙部
极长的尖尖喙部形似长嘴海鸟的喙部，功能也相似。

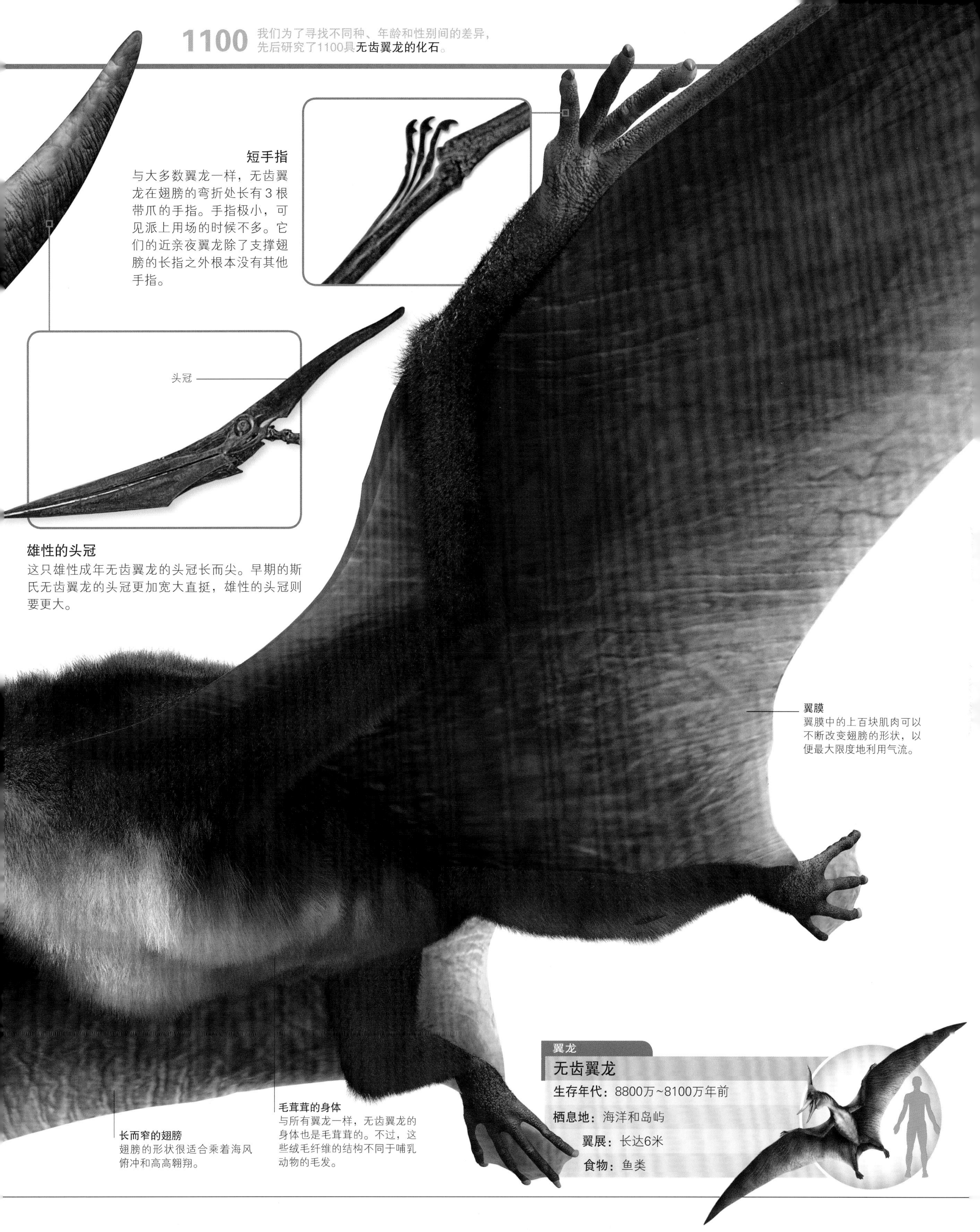

短手指

与大多数翼龙一样，无齿翼龙在翅膀的弯折处长有3根带爪的手指。手指极小，可见派上用场的时候不多。它们的近亲夜翼龙除了支撑翅膀的长指之外根本没有其他手指。

雄性的头冠

这只雄性成年无齿翼龙的头冠长而尖。早期的斯氏无齿翼龙的头冠更加宽大直挺，雄性的头冠则要更大。

翼膜

翼膜中的上百块肌肉可以不断改变翅膀的形状，以便最大限度地利用气流。

长而窄的翅膀

翅膀的形状很适合乘着海风俯冲和高高翱翔。

毛茸茸的身体

与所有翼龙一样，无齿翼龙的身体也是毛茸茸的。不过，这些绒毛纤维的结构不同于哺乳动物的毛发。

翼龙

无齿翼龙

生存年代：8800万~8100万年前

栖息地：海洋和岛屿

翼展：长达6米

食物：鱼类

伶盗龙

轻盈迅捷的伶盗龙是小型驰龙类中的一员，这些似鸟猎手的每只脚上都武装着特殊的“致命利爪”。

现在我们已发现伶盗龙身上覆盖着浓密的羽毛，包括强健前肢上的长长羽片。它们是始祖鸟（见第76~77页）等最古老似鸟恐龙的近亲。虽然伶盗龙不能飞，但它们的外貌和行为都和老鹰相差无几。它们会用特化的爪子刺穿猎物，把对方摁在地上，再用弯曲的牙齿撕裂对方的身体。

伶盗龙或许可以凭借大眼睛更清楚地看到小型猎物，或是在夜间捕猎，以躲开沙漠白天的酷热。

最后一战

1971年，一队在蒙古戈壁沙漠里考察的科学家发现了两具最著名的恐龙化石——缠斗在一起的原角龙（小型植食性角龙类）和伶盗龙。它们被坍塌的沙丘掩埋时，猎手已经把“致命利爪”插进了猎物的腹部。

致命利爪

为了尽量保持锋利，第二趾上巨大的弯曲利爪要远离地面。伶盗龙会用它攻击，甚至杀死猎物。

恐龙

伶盗龙

生存年代： 7500万~7100万年前

栖息地： 灌木丛林地和沙漠

身长： 3米

食物： 蜥蜴、哺乳动物和小型恐龙

艾伯塔泳龙

这种令人咂舌的海生爬行动物的脖子比躯干还长，颈椎骨的数目也是目前我们所知最多的。它们需要如此长的脖子的原因依然是个谜。

中生代最惊人的海生爬行动物当属蛇颈龙类，这些庞大的生物用 4 条长长的鳍状肢在水中穿行。部分成员有着大脑袋和短脖子，其中上龙类占了绝大部分，而包括艾伯塔泳龙在内的其他成员的脑袋都很小，脖子很长。这可能是为了在缓慢游动的时候从海床上拾取甲壳动物和类似的生物而演化出来的。它们或许也会捕食鱼类、枪乌贼和其他猎物。

76 这种巨大的蛇颈龙类生物有76块颈椎骨，至今仍没有其他动物能打破这个纪录。

长脖子
就目前的发现来看，艾伯塔泳龙是蛇颈龙类里脖子最长的成员，它们的亲戚薄片龙则紧随其后。

小鳞片
光滑的小鳞片保护着皮肤，也使身体呈流线型。

前鳍状肢
每一条前鳍状肢都是异化的前肢，长有 5 根“指”骨，它们支撑着宽大的蹼板。

小脑袋
小脑袋和小颌部是长脖子蛇颈龙类的典型特征。

短尾巴
尾巴远短于脖子，可能长有用于在水中调整方向的鳍状物，但尚未发现相关的化石证据。

后鳍状肢
后鳍状肢和前鳍状肢的形状大致相同。

游泳方式
艾伯塔泳龙游泳的时候以扑翼动作上下摆动鳍状肢。

盘绕大师

刚发现长脖子的蛇颈龙类时，大家以为这些家伙的脖子能像蛇一样盘曲，以便捕捉经过身边的鱼。这幅旧画体现了当时的想象。后来通过对颈椎骨的仔细研究，人们发现这绝无可能。蛇颈龙类的脖子并不会比长颈恐龙更灵活。

人们在1897年描绘的薄片龙

蛇颈龙类和上龙类

艾伯塔泳龙等蛇颈龙类有着极长的脖子和小小的颌部。滑齿龙（见第 56~57 页）等上龙类有相似的身体构造，但脖子很短，脑袋和颌部很大，以便捕捉和享用其他海生爬行动物。

暗域中视物
艾伯塔泳龙在水下也能清晰地视物。

利齿
尚未发现艾伯塔泳龙的头骨和颌部化石，但类似的蛇颈龙类都有着弯曲尖锐的圆锥形牙齿，而且牙根很长，牙齿十分有力。这种尖牙非常适合捕捉滑溜溜的鱼类、枪乌贼和类似的小型猎物。

海生爬行动物

艾伯塔泳龙

生存年代： 8300万~7100万年前

栖息地： 海洋

身长： 11米

食物： 甲壳动物、鱼类和枪乌贼

小头骨

小小的头骨上有着长长的吻部，颌部没有牙齿。吻部的骨骼可能支撑着角质喙部。大大的眼眶中有一双大眼睛。

能够抓握的手指

每只长长的前臂上都有3根武装着弯曲利爪的修长手指。第二指和第三指可能由软组织束缚在一起，它们可以像抓钩一样把水果拉到嘴边。

长脖子

修长灵活的脖子让似鸵龙能够享用地面上的食物。

似鸵龙

“似鸵龙”的意思是“类似鸵鸟”，这是个十分贴切的称谓。它们的长脖子、长有鸟嘴的脑袋和有力的腿部都和现生鸵鸟十分相似。鸵鸟奔跑时速度可达每小时70千米，似鸵龙或许也不逊色。它们的食物也和鸵鸟的食物十分相近，可谓“龙”如其名。

似鸵龙

这种有着长腿和流线型圆滑身体的兽脚类恐龙十分敏捷，是天生的奔跑健将。似鸵龙和强大的掠食性恐龙毗邻而居，速度可能是它们的保命法宝。

似鸟龙类是和暴龙生活于同一时期的兽脚类恐龙，但它们之间的差异非常明显。与大嘴亲戚们不同，似鸟龙类的身体修长，速度极快，脑袋非常小。其中，似鸵龙等特化成员没有牙齿，只有喙部。似鸵龙可能以小动物、种子和水果为食。它们可以凭借长腿来追捕小型猎物，但演化出这种身体构造的最初原因可能是为了从掠食者的爪下逃走。

长有羽毛的身体
似鸵龙的身上覆盖着一层温暖柔软的绒毛，和鸵鸟非常相似。

大眼睛
大眼睛位于头部后方，提供了利于防御的全方位视野。

华丽的羽毛
最近的化石发现表明似鸵龙有长长的羽毛。

无齿的喙部
喙里没有牙齿，和现生鸟类一样。

强有力的腿部
长而有力的腿部专为高速奔跑而生。

恐龙
似鸵龙
生存年代： 8300万~7100万年前
栖息地： 灌木平原
身长： 4.3米
食物： 小动物和植物

骨骼化石

似鸵龙的骨骼化石发现于1914年的加拿大艾伯塔省，是世界上保存最完整的恐龙化石之一。这只似鸵龙的姿势很奇怪，它可能死于溺水。

窃蛋龙类属于兽脚类恐龙中的**手盗龙类（意为“用手的盗贼”）**，它们有着强壮的“大手”。

恐龙

葬火龙

生存年代：8300万~7100万年前

栖息地：平原和沙漠

身长：3米

食物：小动物、蛋、种子和树叶

醒目的头冠

葬火龙的头骨极短，有一个支撑头冠的骨质边缘。它们的头冠由坚韧的角质构成，这种物质也组成了它们的喙部和我们的头发。它们的头冠类似于原产于新几内亚岛和澳大利亚的食火鸡——一种不会飞的鸟。

温暖的羽毛

葬火龙全身都覆盖着看似毛皮的蓬松的羽毛。

尾部的羽状物

长尾上可能装饰着羽状物。

有羽毛的前肢

前肢边缘有长长的羽片，类似鸟类的翅膀。

强壮的腿部

与所有兽脚类恐龙一样，葬火龙也依靠强健的后肢站立，并用尾部保持平衡。

孵蛋的母龙

化石猎人在戈壁沙漠里发现了至少4具坐在巢上的葬火龙化石。它们的前肢环抱着椭圆形的蛋，手臂上的长羽毛盖在蛋上，为蛋保暖，鸟类的翅膀也有这种作用。但是，这位母亲没能从致命的沙暴中挽救自己和孩子。

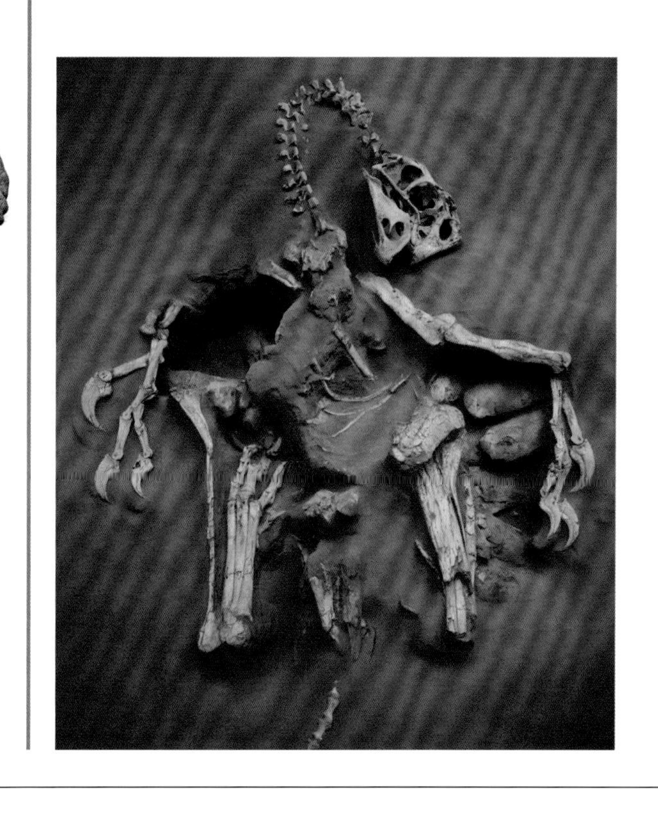

葬火龙

这种外貌古怪的恐龙属于窃蛋龙类，即一类长有喙部却没有牙齿的兽脚类恐龙。它们能吃的东西有很多，包括小动物、蛋、水果和种子等。葬火龙是鸟类和伶盗龙（见第108~109页）等凶猛掠食性恐龙的近亲。

窃蛋龙类的名字意为“偷蛋贼”。窃蛋龙之所以背负着这样的名声，是因为它们的化石发现于一窝恐龙蛋附近，而发现者以为它是在偷蛋时死亡的。实际上，那窝恐龙蛋是窃蛋龙自己的孩子。葬火龙的嘴部上方有一对骨质凸起，是敲开蛋壳的理想工具。现生乌鸦会偷其他鸟类的蛋，葬火龙似乎也干着同样的勾当。我们也发现，它们会一直在巢里悉心照料自己的蛋，直到孵化出幼龙。

镰刀龙

镰刀龙是最为奇特的恐龙之一。这种大型披羽兽脚类恐龙拥有迄今为止最大的爪子。更古怪的是，它们可能是吃植物的。

虽然很多恐龙都以植物为食，但这对兽脚类恐龙来说却是件稀罕事。绝大多数兽脚类都是强悍的掠食者，它们对猎物穷追不舍，杀死之后还要用利齿把对方撕碎。但是，镰刀龙似乎演化成了更青睐素食的恐龙，用喙部吃掉植物，并用巨大的胃来消化。它们非常高大，这可能是为了够到树冠上的食物。它们还可以用硕大的刀刃利爪来保护自己。

小脑袋
镰刀龙的脑袋很小，可能长着视野广阔的侧向眼睛。

虽然主要以植物为食，但是镰刀龙可能

偶尔也会吃一些小动物。

有喙的颌部
颌部前端是边缘锋利的坚韧喙部，很适合采摘叶片。

恐龙

镰刀龙

生存年代：8300万~7100万年前

栖息地：森林

身长：8~11米

食物：植物和小动物

对付植物的牙齿
我们尚未发现镰刀龙的牙齿化石，但它们的近亲和很多植食性恐龙一样有着叶状齿。

惊人的巨爪

镰刀龙的爪骨长达 76 厘米，远长于古罗马战士的剑。如果把生前角质套的长度也算进去，那就会更加惊人了！

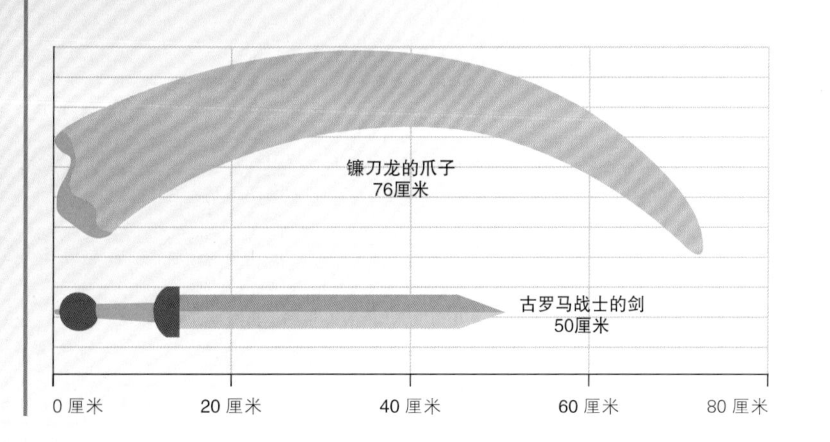

大熊猫

如果镰刀龙真的以植物为食，那它们就和现生动物大熊猫十分类似。大熊猫是专吃竹子的熊。虽然熊类是食肉动物，但大熊猫极少吃肉。

大熊猫

伏击战略

现生短吻鳄和鳄都在水中捕猎。它们埋伏在水下，仅让眼睛和鼻孔露出水面，在看到猎物时依靠强壮尾巴的助力向前猛扑。尼罗鳄常用这种技巧捕食牛羚等陆生动物，恐鳄或许也会采用同样的战术来捕食恐龙。

巨大的鳄类

与现生短吻鳄和鳄相比，恐鳄可以说是不折不扣的怪物。它们身长至少12米，几乎是湾鳄的两倍，而湾鳄已是现生鳄类中最大的成员。恐鳄的体重可能超过8000千克，超越了同样生活在北美洲的大部分恐龙。在有恐鳄分布的部分地区，它们可能是最强大的掠食者，因为附近并没有大小相当的兽脚类恐龙。

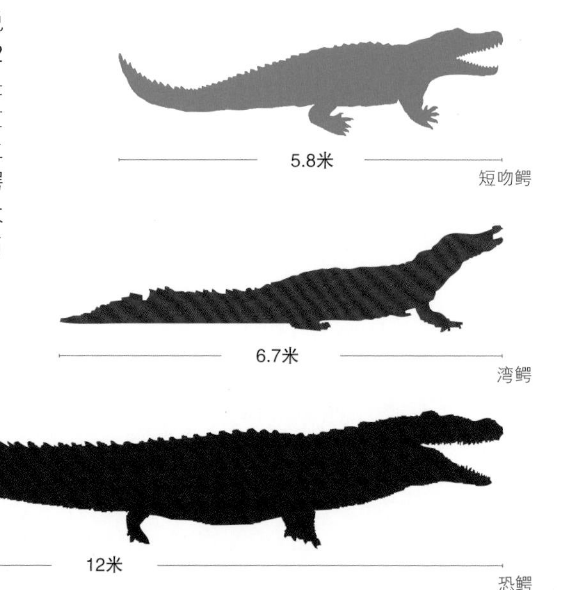

恐鳄

恐鳄是短吻鳄的大型亲戚，也是当时最强大的掠食者之一。它们在河里捕食，埋伏起来击杀到浅滩饮水的恐龙也是小菜一碟。

与敏捷的现生短吻鳄和鳄不同，沉重的身体和小短腿让恐鳄在陆地上非常笨拙。但一进入水中，它们就成了迅捷的致命猎手。它们可能主要以大型鱼类和龟类为食，颌部后方结实的牙齿可以咬碎猎物的壳。它们也觊觎着走进水中的陆生动物，而且能够将中等大小的恐龙拖进水中溺毙。

恐鳄有可怕的颌部，咬合力可与君王暴龙媲美。

复原的头骨

虽然恐鳄的头骨化石仅有几块碎片，但依然在复原中发挥了作用。科学家们现在认为恐鳄和现生短吻鳄一样有着宽大的吻部。

鳄类

恐鳄

生存年代：8000万~7100万年前

栖息地：河流和沼泽

身长：12米

食物：鱼类、龟类和恐龙

高处的眼睛
位置较高的眼睛让恐鳄能够把身体埋伏在水下。

宽大的吻部
长而宽的U形吻部很适合捕捉水下的猎物。

尖钉状牙齿
颌部前方的尖利牙齿可以咬紧滑溜溜的鱼。

粗短的爪子

小脚
长有五趾的小脚可能局部有蹼，以免身体沉入松软的淤泥中，而且在水里也能发挥更大的作用。

重甲
极厚重的骨板保护着恐鳄的身体，也让它们更加强大。

短腿
恐鳄腿部很短，说明它们可能主要生活在水里。

身长
恐鳄从头到尾的总长度不亚于君王暴龙。

长尾
在水中，这种爬行动物会用肌肉发达的长尾划水，推动身体前进。

破壳

一只葬火龙母亲刚在群星之下度过了寒冷的沙漠之夜。她一整晚都在为巢里的蛋保暖，现在打算借着清晨的阳光寻觅一些食物。

而她刚一起身，恐龙蛋里便传出轻柔的呼唤，她的孩子们即将出世。没过几分钟，小恐龙们便开始啄起蛋壳，很快就要破壳而出。这些身披蓬松羽毛的小家伙们过不了多久就能跟着妈妈到沙漠的灌木丛中寻找第一顿美餐了。

纳摩盖吐俊兽

这种毛茸茸的小型哺乳动物是在晚白垩世恐龙脚下讨生活的一员。它们与老鼠等啮齿动物类似，但实际上已于 3500 万年前灭绝。

纳摩盖吐俊兽是小型哺乳动物中多瘤齿兽类的一员。这一类群得名于长有多个小突起的特化臼齿，这些突起被称为瘤尖。它们的下颌还有巨大的刀刃样颊齿，用于撕裂坚韧的植物。它们的菜单可能丰富多样，其中也包括小动物。

温暖的毛皮
纳摩盖吐俊兽用浓密的毛发来保暖，这对小型哺乳动物来说至关重要。

低矮
纳摩盖吐俊兽可能会让身体靠近地面，但也有人认为它们站立时会挺直四肢。

撕裂食物的颌部

与很多亲戚一样，纳摩盖吐俊兽的下颌两边也有锯齿一样的巨大利齿。它们可以在咀嚼的时候向后拉动颌部，这样每一颗利齿就会像刀子一样切开食物。这一招在对付坚韧的植物茎干或较大的种子时非常管用。

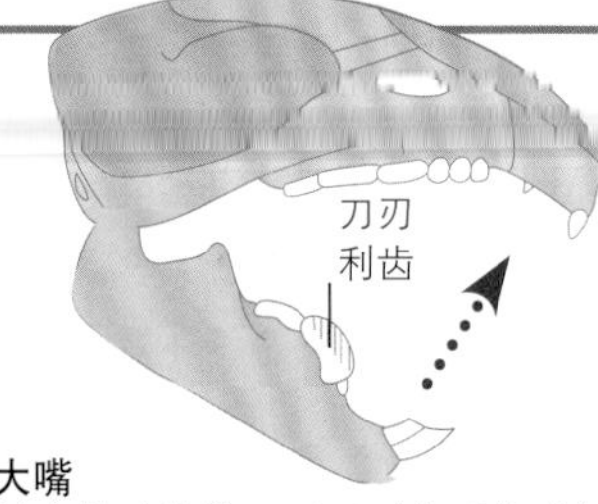

大嘴
纳摩盖吐俊兽可以通过向后拉动颌部来张开大嘴，吞进满满一口食物，然后闭上嘴好好享用。

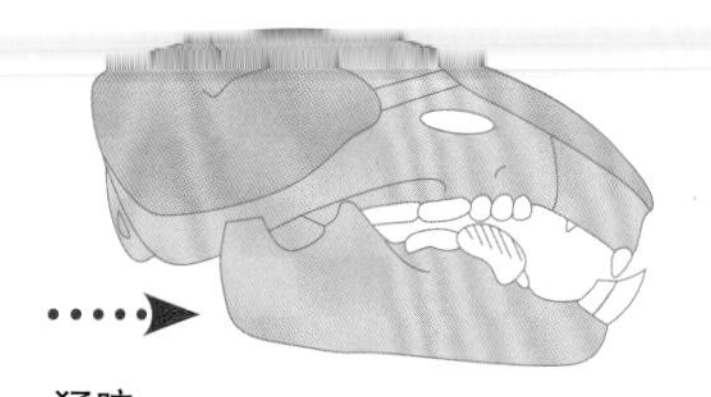

猛咬
纳摩盖吐俊兽闭上颌部的时候，特殊的颌关节让下颌能够向前滑动，保证门牙可以对合。

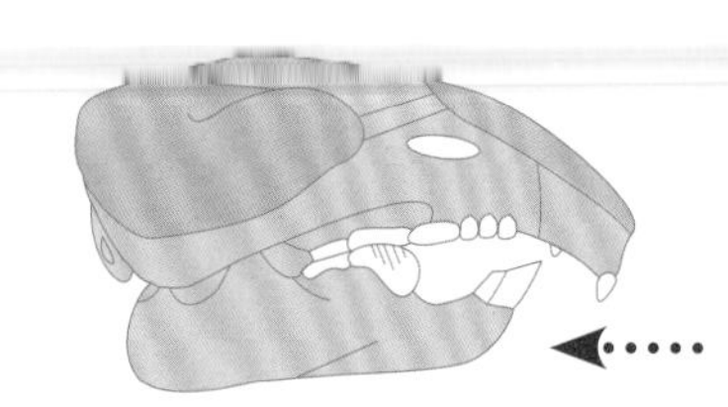

切割
特化的肌肉将颌部向后拉动，以便牙齿如带锯齿的菜刀般切开食物。

多瘤齿兽类

这类小型哺乳动物至少生存了 1.2 亿年，它们的历史超越了其他所有哺乳动物。虽然已经灭绝，但它们也曾繁盛一时。现在我们已经发现了至少 200 个不同的种类。

谱系

多瘤齿兽类先于有胎盘类（未出生的幼崽在胎盘中发育）和有袋类（在育儿袋里哺育幼崽）演化出来。多瘤齿兽类可能是和鸭嘴兽等单孔类一样的卵生动物。

趋同生活

纳摩盖吐俊兽的生活方式可能与现生小型啮齿类类似，比如沙鼠。它们虽然没有亲缘关系，但是为了应对很多相同的生活难题，它们也许经历了同样的演化历程。

纳摩盖吐俊兽和伶盗龙生活在同一片沙漠中，后者可能是前者的死敌。

包头龙

暴龙张着血盆大口在晚白垩世的北美洲横行，但就连它们也常常没法对付包头龙之类的“坦克恐龙”。

包头龙是最巨大、最坚不可摧的甲龙之一。它们和犀牛差不多大小，但厚甲可能让它们重了不少。包头龙背部坚韧的皮肤条带上镶嵌着骨突和巨大的骨质棘突，就连暴龙的牙齿都不是对手。它们还有沉重的尾锤，可以给贸然进犯的敌人沉重一击。

披甲身躯

包头龙身上的铠甲和现生犰狳相仿，基本上都是由坚硬的盾甲和条带组成的，并由可以活动的软组织连接。部分犰狳可以蜷起身体形成难以攻破的铠甲圆球，但包头龙显然没有这种技能。

凶险的猎物
即便是大型掠食者，攻击包头龙也可能会落得断腿的下场，最后只有死路一条。
盔甲头部
宽大头骨的顶部覆盖着许多相互锁合的小骨板，形成了保护脑部的头盔。就连眼睑上都披挂着可以活动的小骨帘，而圆鼻头里则有复杂的鼻腔管道系统。
宽大的喙部
包头龙用宽大的角质喙部采食植物。
小牙齿
包头龙的牙齿很小，用于咀嚼坚韧的纤维植物。
粗壮的腿部
包头龙的四肢骨骼十分强壮，以便支撑沉重的身体。
恐龙
包头龙
生存年代：7600万~7400万年前
栖息地：森林
身长：7米
食物：低矮植物

20世纪30年代，有些科学家认为副栉龙是在水下觅食的，而**头冠是它们的浮潜工具**。

副栉龙

这种优雅的植食者的骨质头冠令人印象深刻，里面容纳着一个有特殊作用的管道网络，这可能是一个用于产生巨大隆隆声的喇叭。

接近中生代末期的时候，与禽龙（见第 82~83 页）有亲缘关系的鸟脚类族系中演化出了喙部宽大的植食性类群，即鸭嘴龙类。它们有着高度特化的研磨齿，可以将纤维植物磨成更好消化的状态。其中部分成员，如副栉龙，还有着从头顶开始延伸的华丽头冠。副栉龙头冠的长度在恐龙中独占鳌头，而且我们几乎可以肯定它们会利用头冠炫耀和呼唤同类。

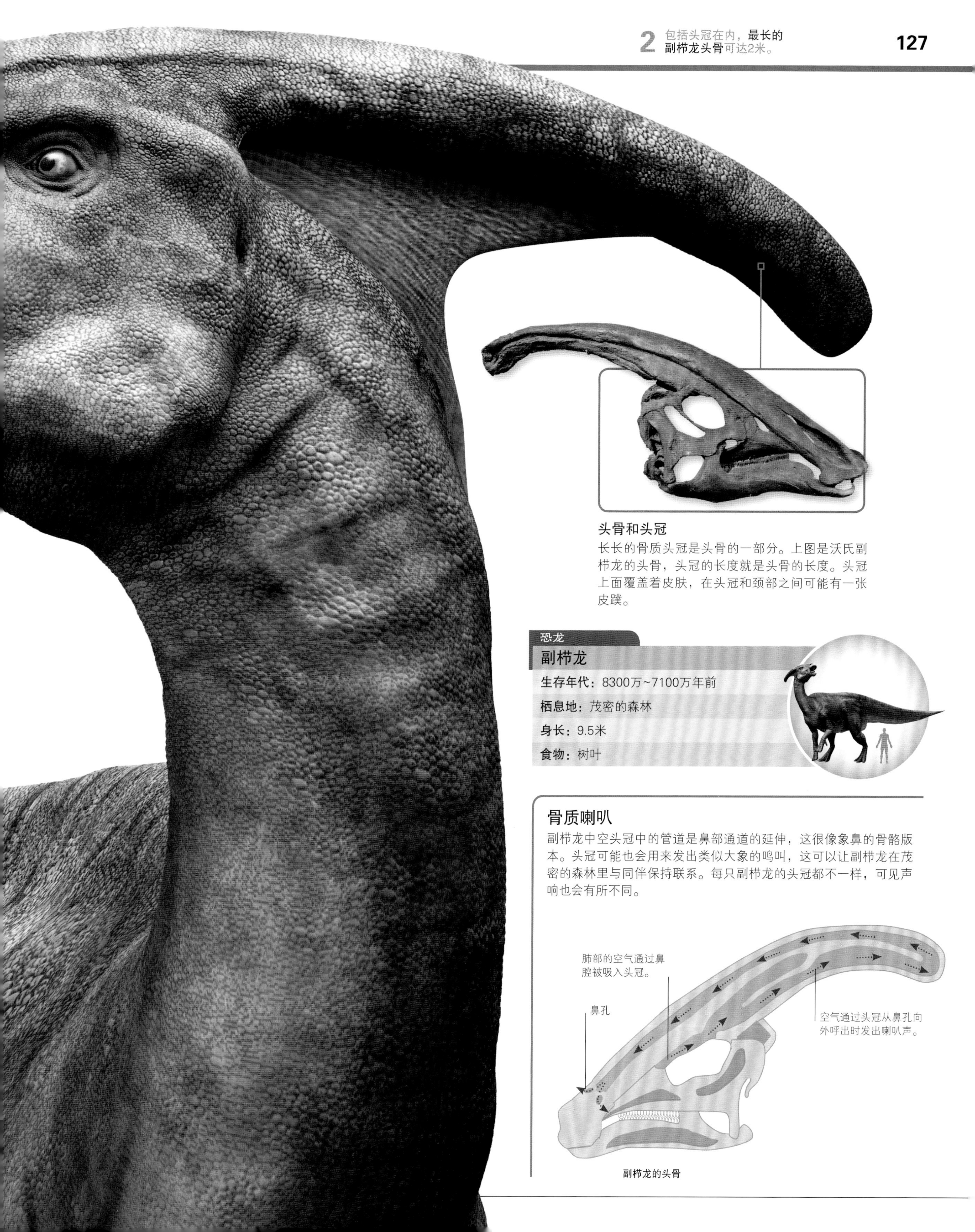

头骨和头冠
长长的骨质头冠是头骨的一部分。上图是沃氏副栉龙的头骨，头冠的长度就是头骨的长度。头冠上面覆盖着皮肤，在头冠和颈部之间可能有一张皮蹼。

恐龙

副栉龙

生存年代：8300万~7100万年前

栖息地：茂密的森林

身长：9.5米

食物：树叶

骨质喇叭

副栉龙中空头冠中的管道是鼻部通道的延伸，这很像象鼻的骨骼版本。头冠可能也会用来发出类似大象的鸣叫，这可以让副栉龙在茂密的森林里与同伴保持联系。每只副栉龙的头冠都不一样，可见声响也会有所不同。

副栉龙的头骨

全方位视野
双眼分别位于头部两侧，因此萨尔塔龙具有良好的全方位视野。

萨尔塔龙和所有巨龙类一样古怪非常，它们的前足没有脚趾。因为不需要前足脚趾来支撑体重，所以前足脚趾在千万年的演化中逐渐消失。

鼻孔
鼻孔长在头骨高处，位于吻部尖端。

灵活的脖子
与所有蜥脚类恐龙一样，萨尔塔龙也有着支撑小脑袋的灵活长脖子。

圆形的颌部
目前尚未发现萨尔塔龙的头骨化石，但应该和纳摩盖吐龙相差不远，即有宽大的圆形颌部和桩钉一样的短小门牙。这种牙齿可像梳子一样从嫩枝上捋下树叶。

颌部
颌部没有颊齿，因此萨尔塔龙不经咀嚼就直接吞下树叶。

宽大的吻部
吻部在尖端处稍宽，整体形状略似汤勺。

特殊的蛋

复原的萨尔塔龙蛋几乎是正圆形的，同葡萄柚或小甜瓜一样大小。它们虽然比鸡蛋大很多，但在成年恐龙面前微不足道。它们可能被埋在成堆的植物上面，依靠植物腐烂的热量来保暖。

复原的萨尔塔龙蛋

筑巢地

人们于 1997 年在阿根廷的奥卡马弗伊姆附近发现了一片巨大的萨尔塔龙筑巢地。当地保存着数千枚 8000 万年前的恐龙蛋，满地都是破碎的蛋壳。这些萨尔塔龙蛋可能是由数百头雌龙在这块传统的筑巢地里产下的。

恐龙

萨尔塔龙

生存年代：8000万~6600万年前

栖息地：森林和开阔平原

身长：12米

食物：树叶

萨尔塔龙

虽然和其他巨大的亲戚比起来很小，但是这种蜥脚类恐龙也十分迷人。它们全身都镶嵌着小鳞甲，为它们抵挡饥饿的掠食者。

萨尔塔龙属于巨龙类，这是出现于中生代末期并繁盛一时的蜥脚类恐龙。萨尔塔龙生活在南美洲，巨龙类是当地很常见的晚白垩世恐龙之一。它们有着宽大的腰带和间隔很宽的腿部，因此站得很稳，可以凭借后肢站立起来够到高处的树叶。萨尔塔龙身披铠甲，很多其他巨龙类可能也有这样的特征。

身披铠甲
镶嵌在皮肤里的椭圆形骨板上可能有短棘突。

柱状腿
粗壮的柱状腿和大象的腿十分相像。

灵活的尾部
从尾椎骨的形状来看，尾部可能非常灵活。

粗短的前足
前足没有脚趾，因此也没有爪子或蹄部。

蛋
萨尔塔龙将蛋产在浅坑里，并用土掩埋。

沧龙

沧龙的长长颌部长满巨大的锋利尖牙，与鳄鱼十分相似。这种强大的海洋掠食者是最后的大型海生爬行动物之一。

沧龙出现在接近中生代末期的时候，它们一口气称霸了晚白垩世的海洋，取代了滑齿龙（见第 56~57 页）等颌部巨大的上龙类。沧龙是最巨大的动物之一，身长约有 15 米。它们和上龙类一样有着极为强壮的颌部，但身体更加灵活，可以用长尾游动。其他海生爬行动物、大型鱼类和四处游动的甲壳动物都是它们的美餐。

大眼睛
沧龙的大眼睛可以在幽暗的水中视物。

尖牙
所有牙齿都形如尖钉，适合捕捉和抓紧猎物。

甲壳类猎物
枪乌贼的亲戚鹦鹉螺是个不错的猎物。它们从手掌大小到直径 2 米不等。

强壮的头骨
沧龙的头骨和颌部都比其他沧龙类成员结实，沧龙可能常常会攻击强大的大型猎物。

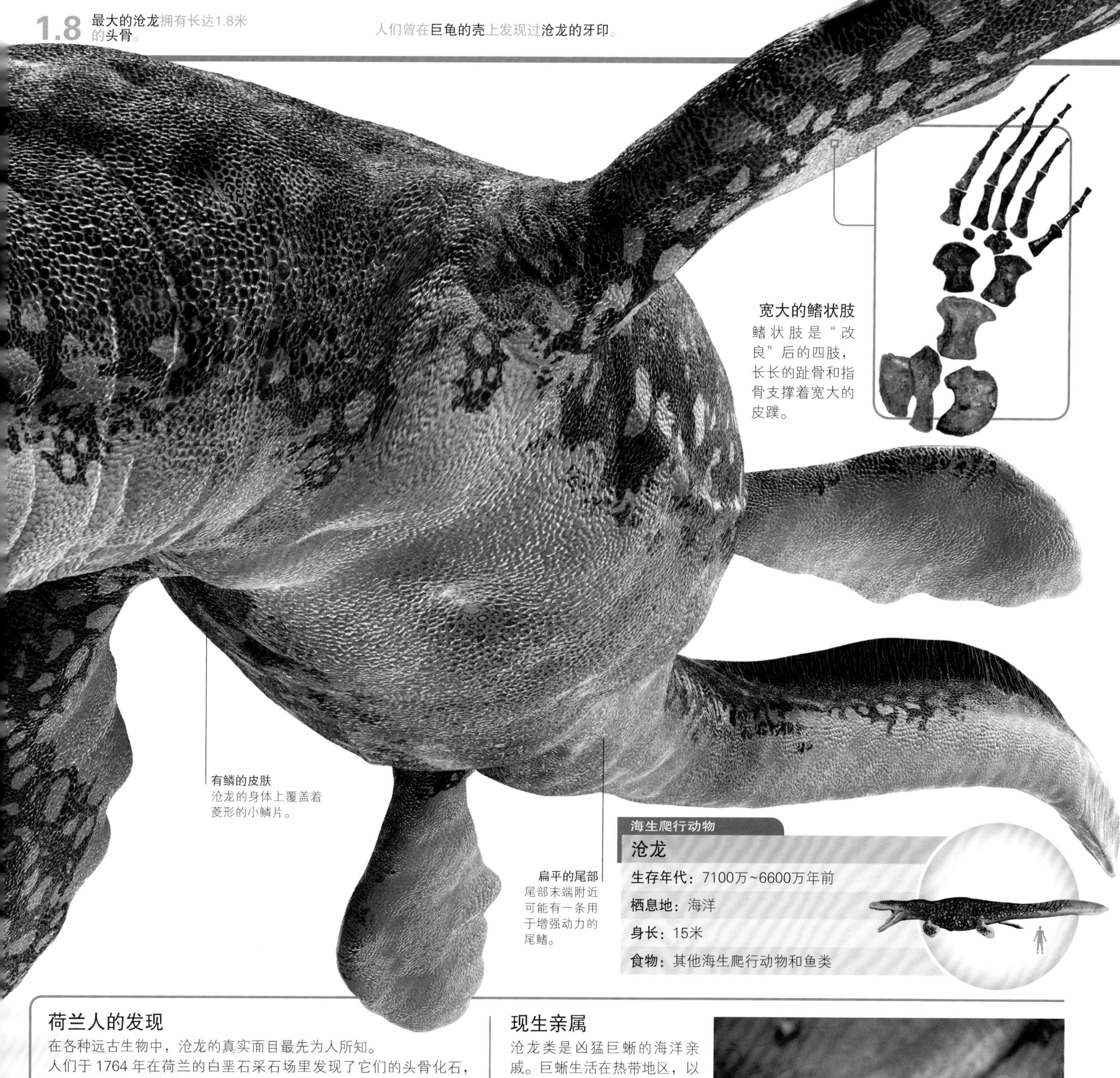

宽大的鳍状肢
鳍状肢是"改良"后的四肢，长长的趾骨和指骨支撑着宽大的皮蹼。

有鳞的皮肤
沧龙的身体上覆盖着菱形的小鳞片。

扁平的尾部
尾部末端附近可能有一条用于增强动力的尾鳍。

海生爬行动物

沧龙

生存年代： 7100万~6600万年前

栖息地： 海洋

身长： 15米

食物： 其他海生爬行动物和鱼类

荷兰人的发现

在各种远古生物中，沧龙的真实面目最先为人所知。人们于1764年在荷兰的白垩石采石场里发现了它们的头骨化石，这幅18世纪的版画展现了当时的情景。大家起初以为它是鲸或鳄鱼，直到1822年才赋予了它沧龙这个名字。

现生亲属

沧龙类是凶猛巨蜥的海洋亲戚。巨蜥生活在热带地区，以其他动物为食。科莫多龙就是巨蜥类的一员，也是最巨大的现生爬行动物之一。巨蜥和蛇的亲缘关系最近，也长着分叉的舌头。沧龙或许也有此特征，但对味道没有那么敏感。

巨蜥

研磨牙齿
上下颌的多排颊齿都形成了宽大且有脊的研磨表面，下方不断生长的新牙会替换掉磨损的旧牙，因此这些齿列也在持续更新。

宽大的喙部
颌部尖端的骨骼宽于吻部的其他骨骼。这些骨骼化石上的疤痕表明它们支撑着边缘锋利的角质喙部，喙部应该宽于颌部尖端。

改良的手部
手部发挥着前足的作用，有3根连在一起的手指，有助于支撑埃德蒙顿龙的体重。

长尾巴
强壮的肌腱让尾部直挺挺地远离地面。

有些埃德蒙顿龙骨骼被暴龙咬掉了大块，不过有的损伤已经痊愈，可见掠食者有时也会失手。

四足步态
埃德蒙顿龙在行走时通常四肢并用，特别是在地面进食的时候。但是，身体的大部分重量都由长而健壮的后肢支撑。想要尝尝高处的树叶时，它们也能用后肢站立。

埃德蒙顿龙的骨架

有鳞的皮肤
有的埃德蒙顿龙化石上保存着大片完整的皮肤，十分惊艳。细节表明皮肤上长有并未彼此重叠的鳞片。这些鳞片和身体相比十分细小，但通常还会被更小的鳞片隔开。

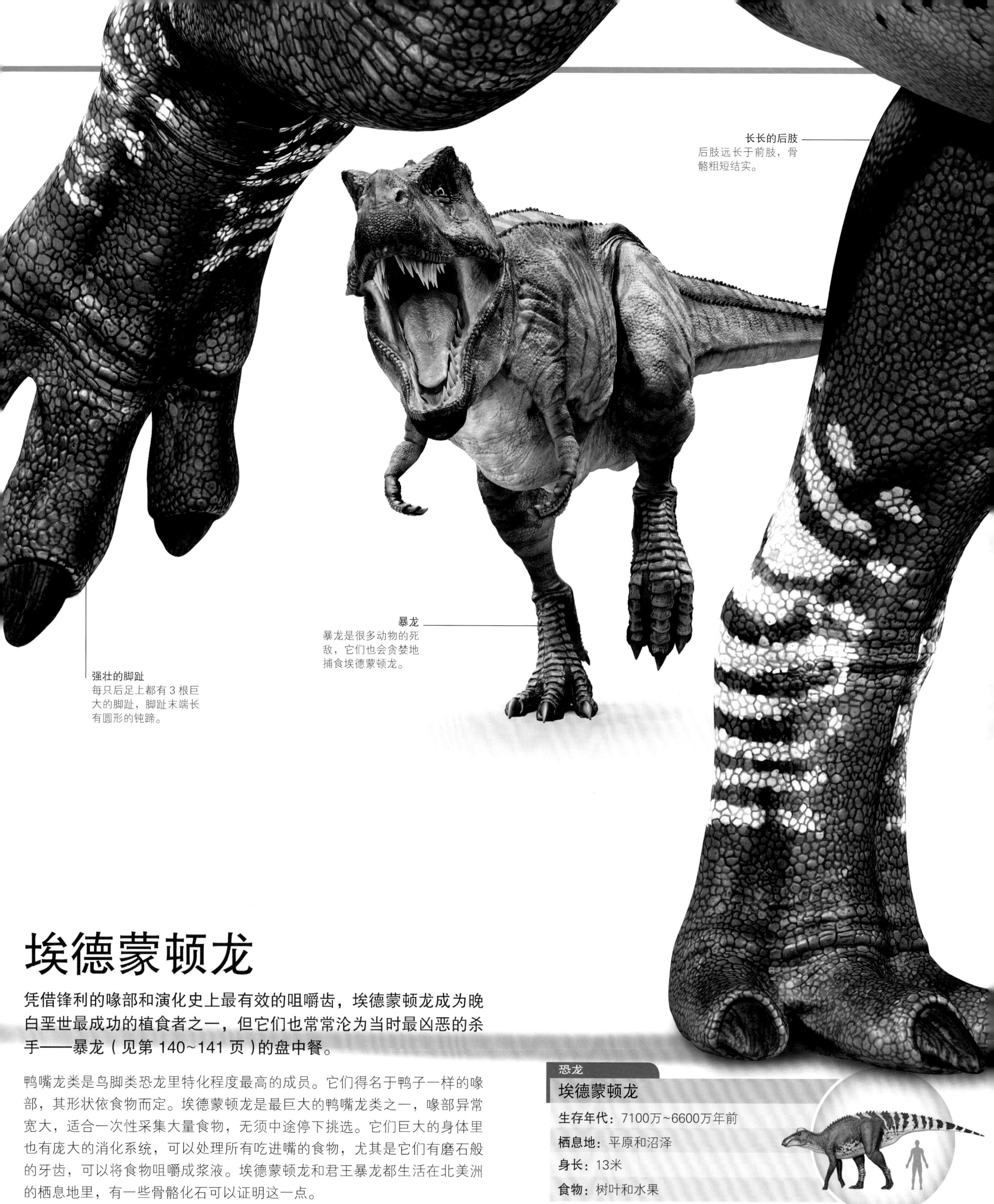

埃德蒙顿龙

凭借锋利的喙部和演化史上最有效的咀嚼齿，埃德蒙顿龙成为晚白垩世最成功的植食者之一，但它们也常常沦为当时最凶恶的杀手——暴龙（见第 140~141 页）的盘中餐。

鸭嘴龙类是鸟脚类恐龙里特化程度最高的成员。它们得名于鸭子一样的喙部，其形状依食物而定。埃德蒙顿龙是最巨大的鸭嘴龙类之一，喙部异常宽大，适合一次性采集大量食物，无须中途停下挑选。它们巨大的身体里也有庞大的消化系统，可以处理所有吃进嘴的食物，尤其是它们有磨石般的牙齿，可以将食物咀嚼成浆液。埃德蒙顿龙和君王暴龙都生活在北美洲的栖息地里，有一些骨骼化石可以证明这一点。

恐龙

埃德蒙顿龙

生存年代：7100万~6600万年前

栖息地：平原和沼泽

身长：13米

食物：树叶和水果

1 目前只发现了一个**肿头龙的头骨化石**。

肿头龙

肿头龙类出现在中生代末期，它们是史上最古怪的恐龙之一。它们的头骨极厚，其中的原因现在仍不得而知。

肿头龙类也被称作“骨头脑袋”，它们与有角和头饰的角龙类有亲缘关系。目前发现的化石很少，但有一个完整的头骨化石，这个头骨属于肿头龙类中最大的种类——肿头龙。它们保护着脑部的头骨至少是其他恐龙的 20 倍厚，有些科学家认为这是一种特化结构，以便雄龙在争夺地位和领地时用头部互相顶撞。

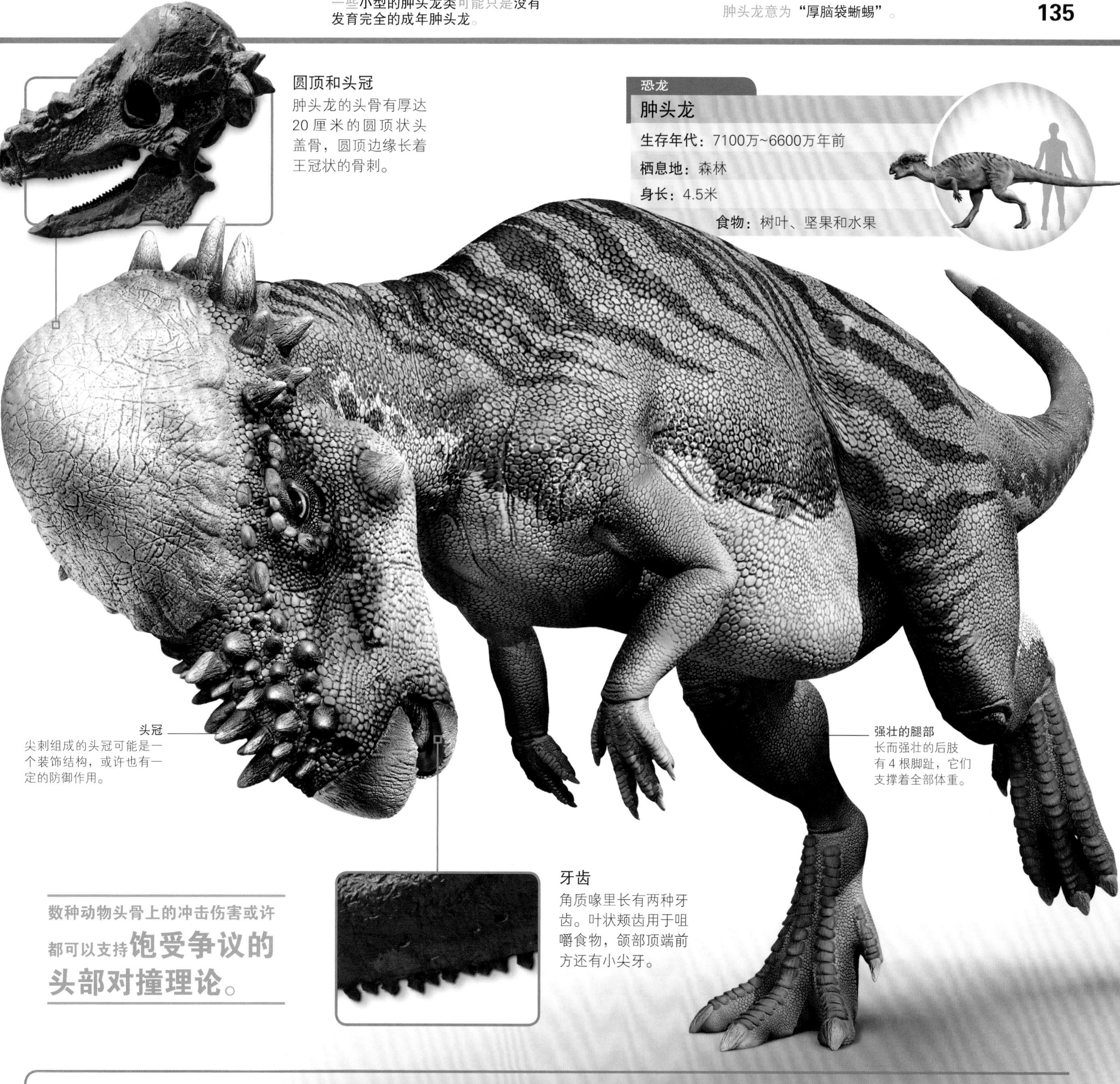

圆顶和头冠

肿头龙的头骨有厚达20厘米的圆顶状头盖骨，圆顶边缘长着王冠状的骨刺。

恐龙

肿头龙

生存年代：7100万~6600万年前

栖息地：森林

身长：4.5米

食物：树叶、坚果和水果

头冠
尖刺组成的头冠可能是一个装饰结构，或许也有一定的防御作用。

强壮的腿部
长而强壮的后肢有4根脚趾，它们支撑着全部体重。

牙齿

角质喙里长有两种牙齿。叶状颊齿用于咀嚼食物，颌部顶端前方还有小尖牙。

数种动物头骨上的冲击伤害或许都可以支持饱受争议的头部对撞理论。

撞头

撞头似乎是危险的解决争端之道，很多科学家都认为肿头龙的厚头骨有其他用处。不过，有的现生动物也会用撞头的方式展开争斗，比如美洲大角羊。撞击的力量被它们的角吸收，以免脑部受到伤害。肿头龙那强化的头骨可能也有这样的保护作用。

饮食广泛

一般来说，一种恐龙的牙齿只有一种形状，但肿头龙类的牙齿有两种形状，这可能说明它们会吃多种食物。虽然肿头龙可能会食用坚果和水果，但它们的主要食物还是树叶，如拟五加叶。

拟五加叶

风神翼龙

风神翼龙的高度可比肩长颈鹿，翼展不亚于小型飞行器。它们是有史以来最庞大的飞行动物之一。

风神翼龙化石发现于20世纪70年代的美国，这种恐龙可能是晚白垩世神龙翼龙类——翼龙界的巨龙中最庞大的成员。很明显，它们擅长飞翔，或许可以轻松地完成长距离飞行。不过，它们可能是在地面上捕猎，比如悄悄跟踪小型恐龙之类的猎物，再用无齿的长嘴叼住猎物整个吞下。

凭借肌肉发达的翅膀，风神翼龙的飞行时速可能高达90千米。

四足动物
与所有已知的后期翼龙一样，风神翼龙也有着修长的肢体，可能还非常敏捷。

小脚
紧凑且带有肉垫的脚十分适合在坚硬的地面上快速走动。

宽阔的翅膀
风神翼龙宽阔的翅膀非常适合借助上升气流冲上天际，这和现生秃鹰十分相似。

骨质头冠
头顶上的骨质头冠覆盖着角质，这种物质也构成了它们的爪子。头冠可能颜色艳丽，雄性的头冠或许大于雌性。

无齿的喙部
长而锋利的喙部没有牙齿，因此风神翼龙不能咀嚼食物。

折叠起来的翅膀
风神翼龙在地面捕猎的时候会将翅膀折叠起来，以免碍事。

小猎物
风神翼龙可以轻松地捕食小型恐龙和类似的动物。

翼龙

风神翼龙

生存年代： 7100万~6600万年前

栖息地： 平原和林地

翼展： 10米

食物： 小型恐龙

巨大的翼展

这种令人称奇的生物拥有至少 10 米的翼展，翼展几乎和二战中著名的“喷火”战斗机的翼展一样长。脖子伸展时差不多也有相同的长度。不过，小巧的身体和轻盈的构造表明它们的体重不超过 250 千克。这比最大的现生鸟类重了不少，但能够确定的是，风神翼龙可以飞翔。

风神翼龙 10米

“喷火”战斗机 11.2米

起飞

风神翼龙等巨大的翼龙有着和较小翼龙相同的翅膀解剖结构以及飞行肌。它们利用长有爪子的手部向上跳跃，并迅速展开长长的外翼冲上天空。

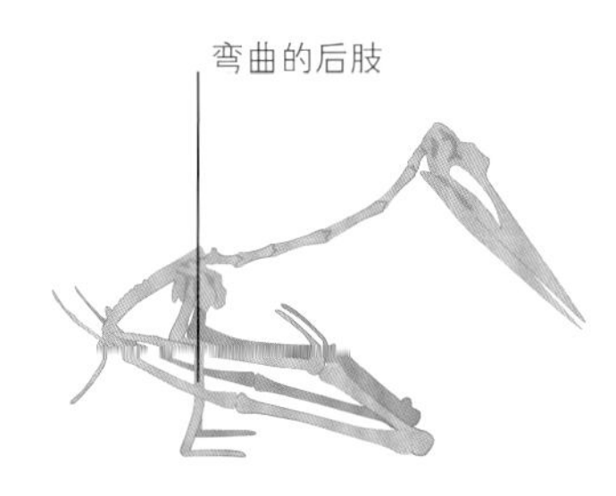

蹲伏

为起飞做准备时，翼龙会蹲下身子，翅膀向前摆动，手部稳稳地撑在地上。

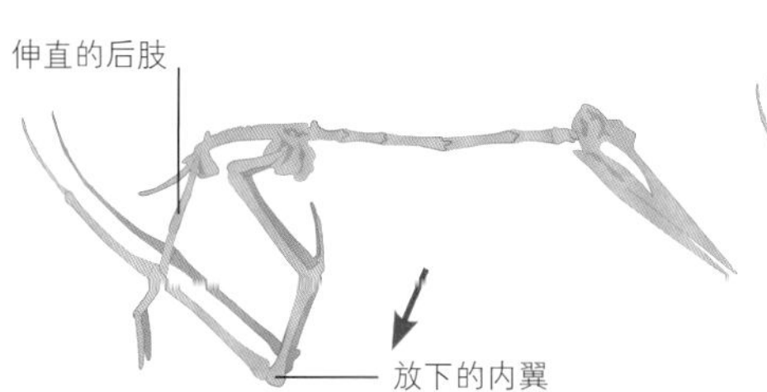

跳跃

它们利用四肢将身体推向上方，以便向前上方跃起。长长的内翼发挥了类似滑雪杆的作用，帮助它们跳向空中。

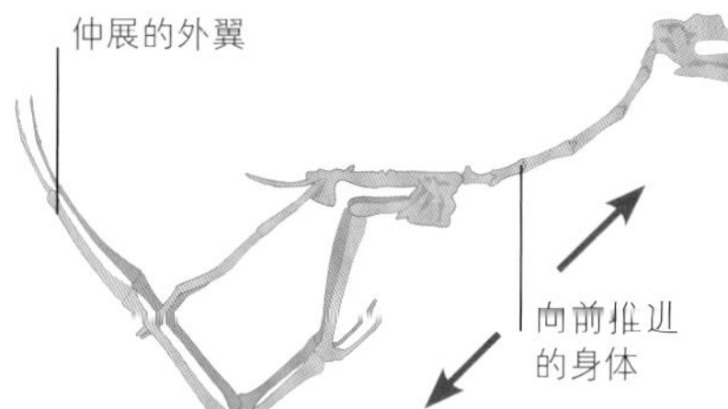

起飞

从地面起飞时，它们会展开外翼并向下扇动，将自己送入天空，开始翱翔。

三角龙

三角龙是角龙类的末代后裔，也是其中最巨大的成员之一。角龙类是一群因惊人的角和头饰而出名的植食者。

三角龙虽然有大象大小，但它们的身体结构更接近犀牛，比如低矮的头部和可怕的尖角。与其他角龙类一样，它们也长着从后脑勺延伸出的巨大骨质头饰，头饰覆盖了它们的脖子。对于和恐怖的暴龙（见第 140~141 页）一同生活在北美洲的动物来说，这是非常有用的防御坚盾。三角龙的头饰在边缘尖刺的衬托下显得十分夸张，可能会在争夺领地或配偶时起着重要作用。

头饰
头饰由实心的骨头构成，上面覆盖着鳞片皮肤。

骨质棘突
头饰边缘镶嵌着一圈尖刺，让三角龙看起来更加吓人。

长角
两根眉角长达 1.3 米，尖端锋利，内部有强壮的骨芯。

长有鳞片的皮肤
石化的皮肤碎片表明上面覆盖着鳞片。

切割食物的牙齿
紧密排列的颊齿可以像剪刀一样切割植物。

三角龙和牛角龙

三角龙和另一种头饰更大的角龙类——牛角龙生活在同样的时代和栖息地中。有的研究者认为三角龙是牛角龙的幼体，完全发育成熟后就成为牛角龙。不过，此观点尚无决定性证据，而且大部分科学家都不同意这个观点。

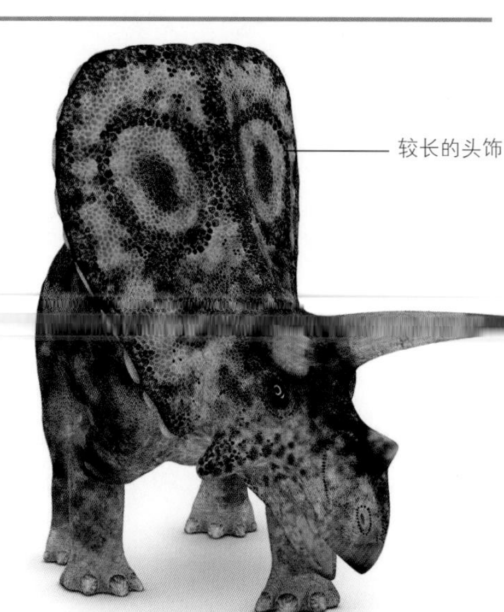

牛角龙

有些三角龙的骨骼化石上有暴龙牙齿留下的伤痕，但也有证据表明有一只三角龙从战斗中存活了下来，可能还反过来杀死了一只暴龙。

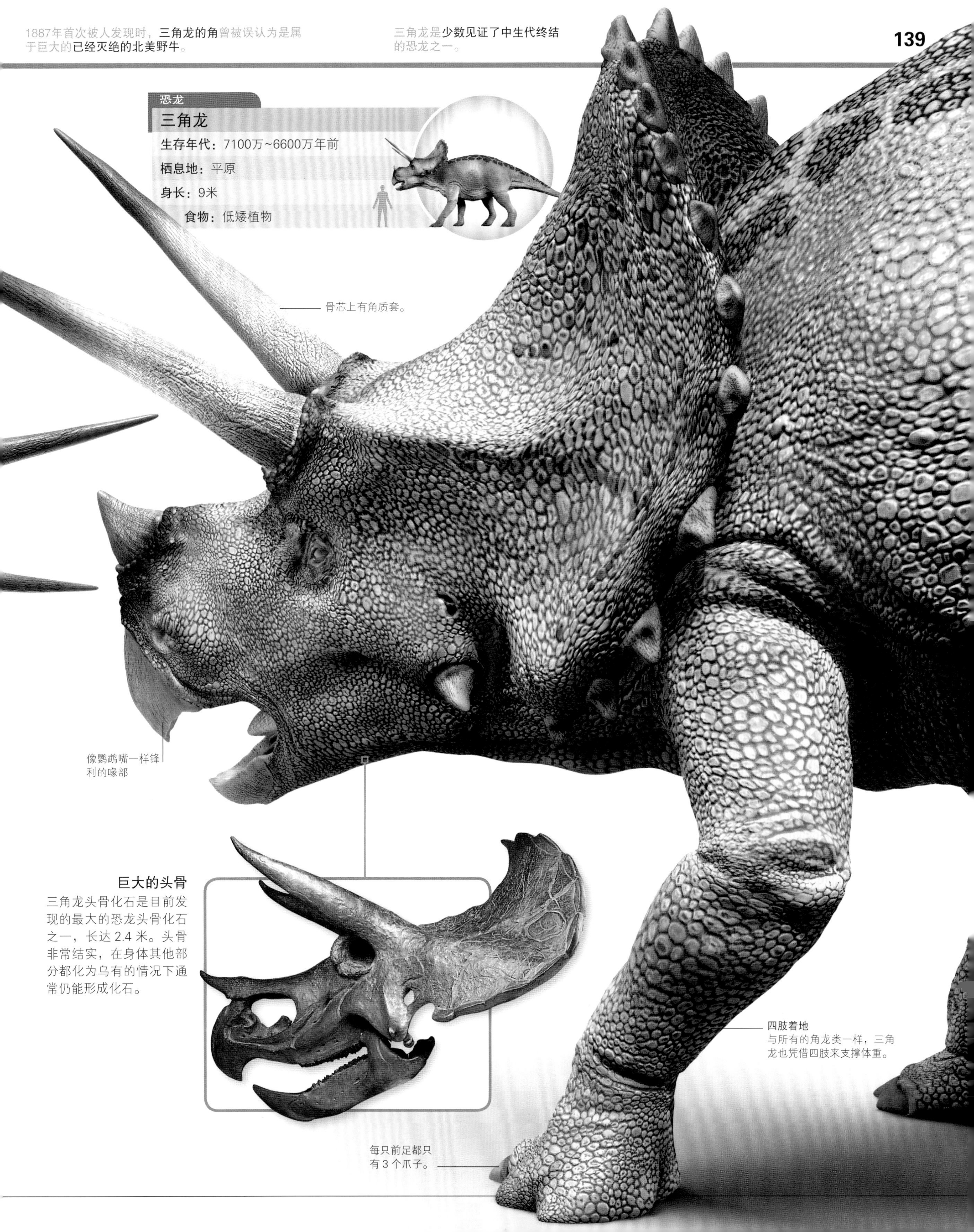

巨大的头骨
三角龙头骨化石是目前发现的最大的恐龙头骨化石之一，长达2.4米。头骨非常结实，在身体其他部分都化为乌有的情况下通常仍能形成化石。

致命的对手
暴龙可能会为了争夺领地和食物展开生死之战。
恐怖的牙齿
锋利的尖牙足以咬穿猎物的重甲。
瘦长的脚踝
瘦长的小腿和脚踝表明暴龙可以高速奔跑。
利爪
抓握挣扎猎物用的手指
小前臂
暴龙的前臂和身体相比非常细小，但是长有强壮的肌肉，可以抓住猎物。

一具被称作“苏”的君王暴龙化石在1997年的拍卖会上获得了**化石界的最高身价**。

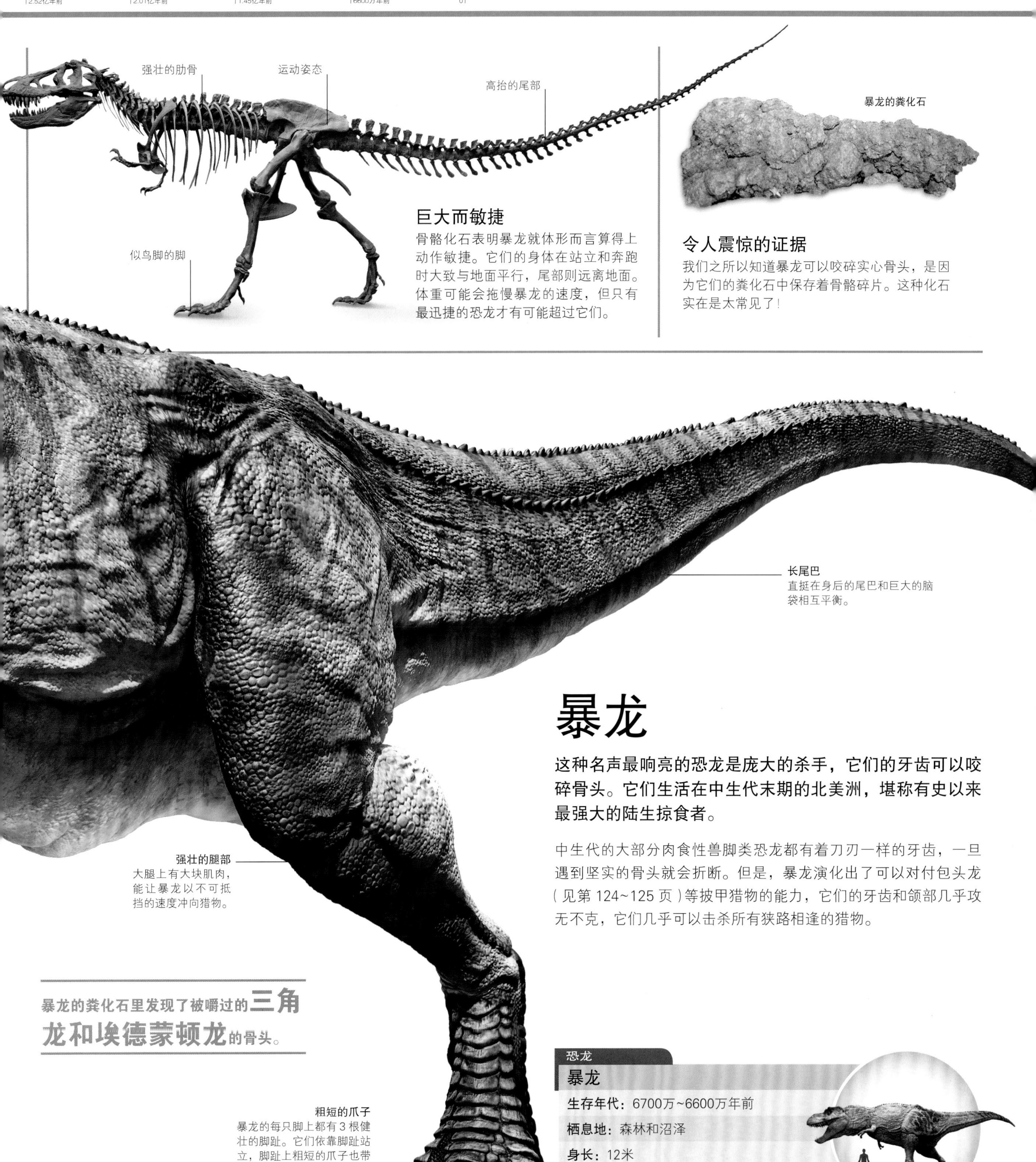

巨大而敏捷

骨骼化石表明暴龙就体形而言算得上动作敏捷。它们的身体在站立和奔跑时大致与地面平行，尾部则远离地面。体重可能会拖慢暴龙的速度，但只有最迅捷的恐龙才有可能超过它们。

令人震惊的证据

我们之所以知道暴龙可以咬碎实心骨头，是因为它们的粪化石中保存着骨骼碎片。这种化石实在是太常见了！

暴龙

这种名声最响亮的恐龙是庞大的杀手，它们的牙齿可以咬碎骨头。它们生活在中生代末期的北美洲，堪称有史以来最强大的陆生掠食者。

中生代的大部分肉食性兽脚类恐龙都有着刀刃一样的牙齿，一旦遇到坚实的骨头就会折断。但是，暴龙演化出了可以对付包头龙（见第124~125页）等披甲猎物的能力，它们的牙齿和颌部几乎攻无不克，它们几乎可以击杀所有狭路相逢的猎物。

暴龙的粪化石里发现了被嚼过的**三角龙和埃德蒙顿龙**的骨头。

恐龙

暴龙

生存年代：6700万~6600万年前

栖息地：森林和沼泽

身长：12米

食物：大型恐龙

新生代生命

一场全球性灾难毁灭了白垩纪世界，也彻底改变了地球上的生命。中生代的霸主是巨大的恐龙，而新生代见证了哺乳动物的崛起。不过，恐龙中的鸟类挺过了这次灭绝，继续生生不息。

新生代世界

中生代的尾声是一场大灭绝，这场灭绝将大部分主要陆生及海生动物都推上了绝境，包括大型恐龙、翼龙和大部分海生爬行动物。当世界从这场灾难中恢复元气的时候，幸存者们也开始演化出新的形态，并取代了此前消失的动物。新的生命中就有最初的大型哺乳动物，它们接替恐龙成为新的陆地霸主。新生代也迎来了人类的出现。

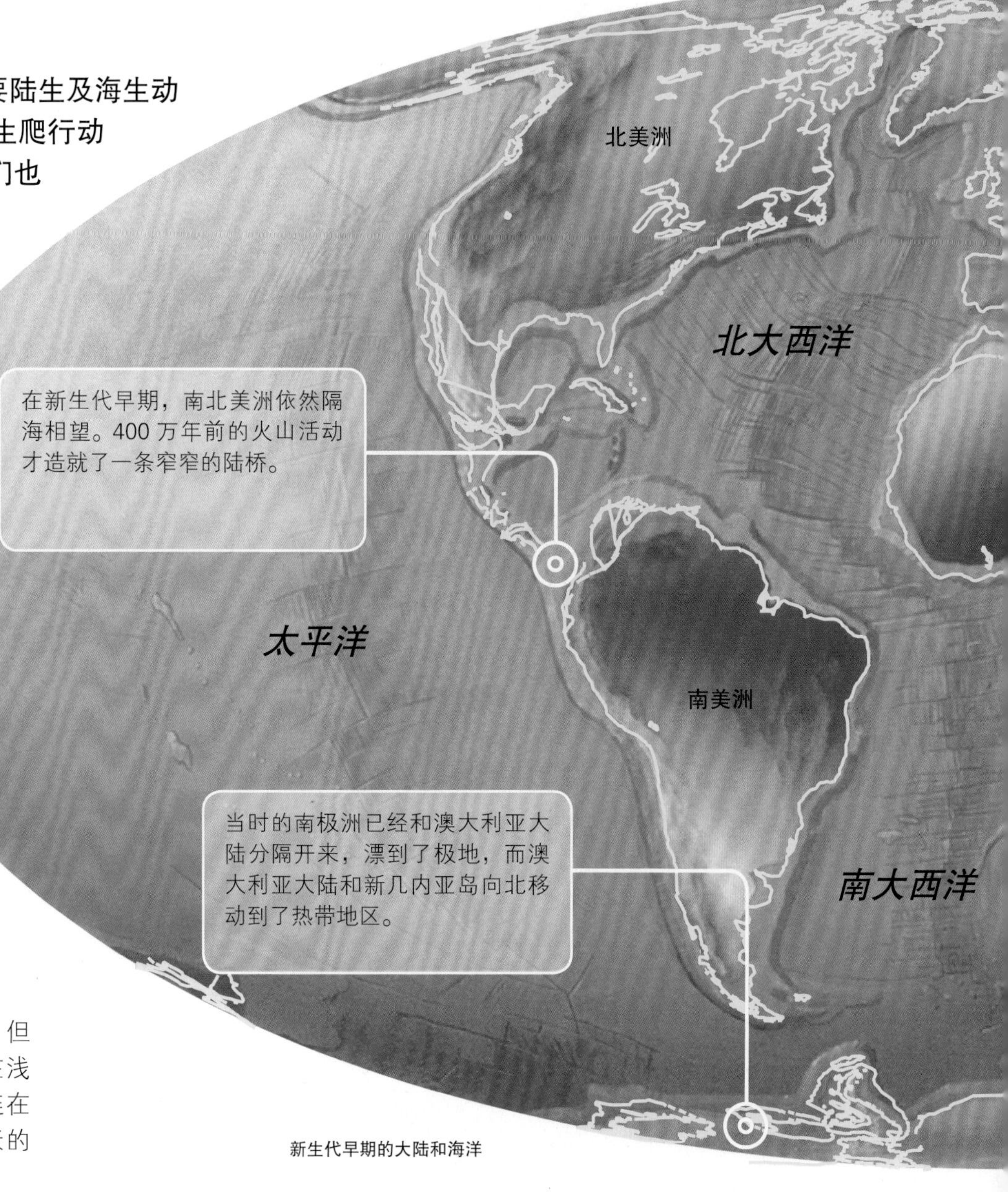

新生代早期的大陆和海洋

海洋和陆地

在 5000 万年前的新生代早期，今天的各片大陆已经形成，但是形状和位置都还有所不同。东南亚的大片区域仍淹没在浅海之下，印度半岛在汪洋中漂泊，南美洲和北美洲并未连在一起。但是，在随后的 5000 万年里，它们逐渐变成了今天的模样。

环境

与比较稳定温暖的中生代相比，新生代是一个剧变的纪元，其中的部分时期非常炎热，其他时期则严寒刺骨。但是，各个大陆上的环境相差很大，这让不同的动植物都找到了庇护所。

气候

新生代之初经历了一段寒冷的时期。全球温度在 5600 万年前急剧上升，700 万年后再度下降，一直持续到 250 万年前的冰河时代。我们现在生活在某个冰河时代中的温暖时期。

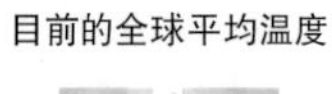

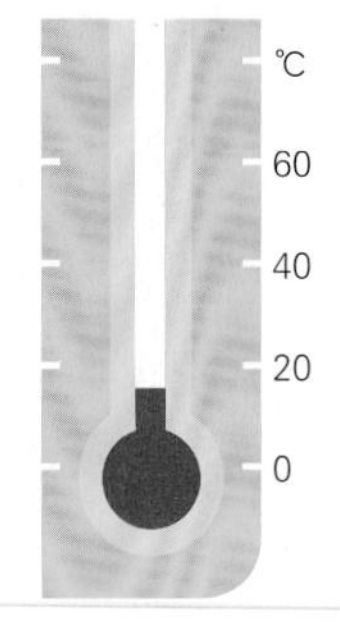

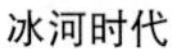

草原
新生代早期的温暖气候和大量降雨造就了分布广泛的雨林。气候转向干冷之后，又有很多地方变成了草原。

冰河时代
在新生代末期的冰河时代中，冰川覆盖了大片两极地区。它们依然存在于今天的格陵兰岛和南极洲。

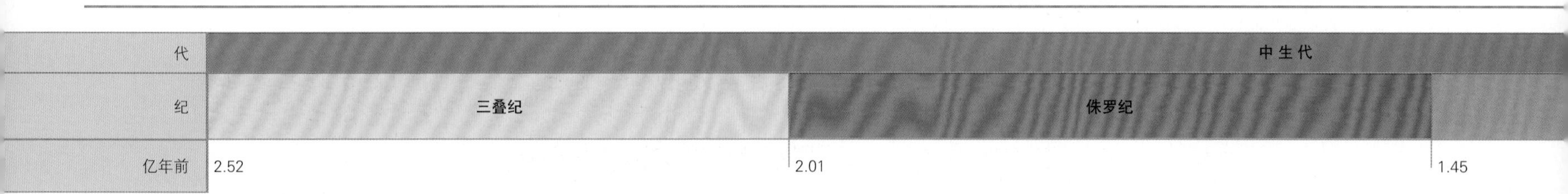

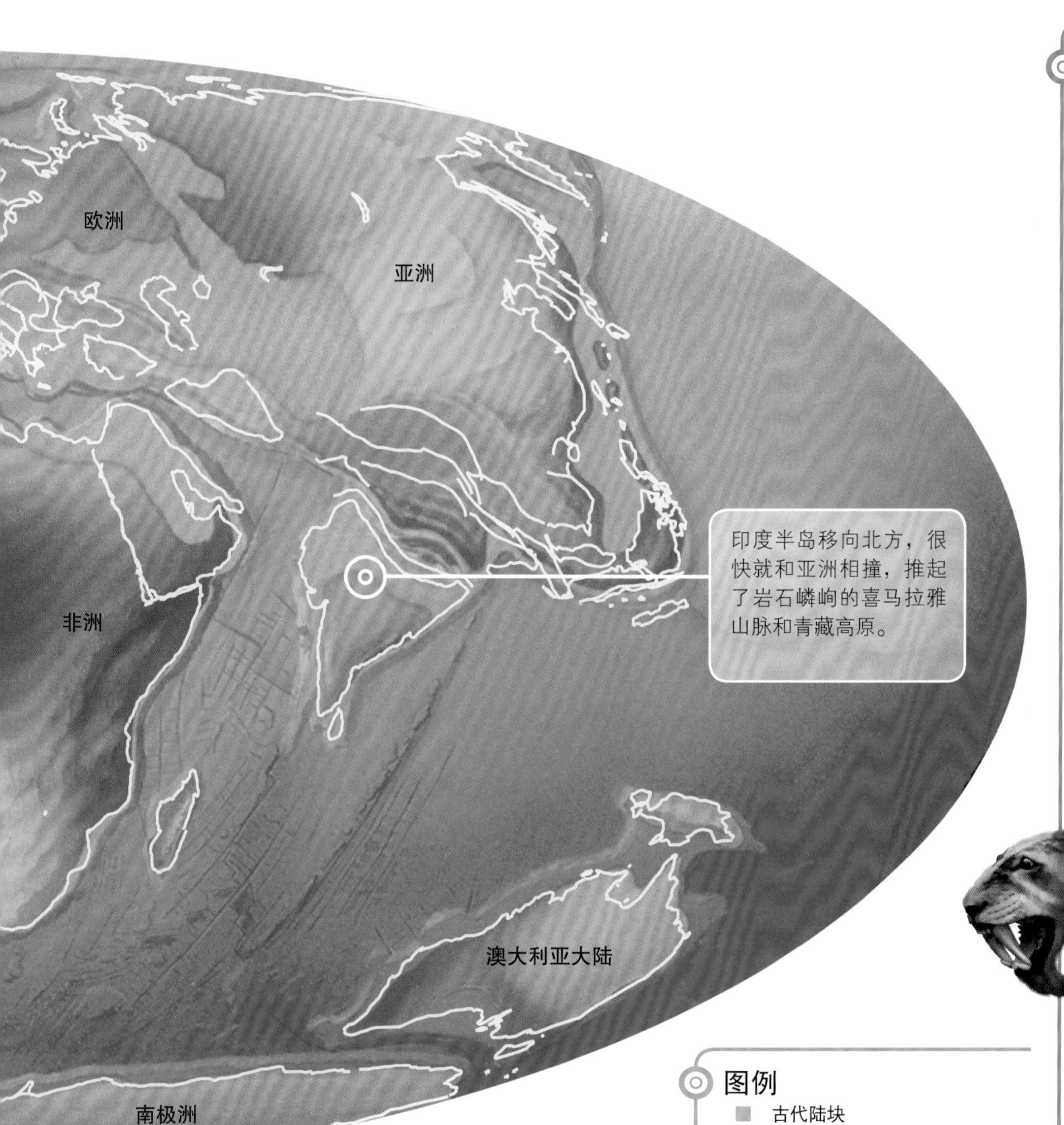

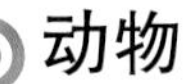

印度半岛移向北方，很快就和亚洲相撞，推起了岩石嶙峋的喜马拉雅山脉和青藏高原。

图例

古代陆块

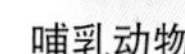
现代陆块的轮廓

植物

演化于中生代晚期的开花植物和禾本科植物在新生代里成为世界大部分地区的主要植物。冰河时代的冰蚀作用摧毁了遥远北方的大量植物，随后已有所恢复。

落叶树
繁盛于新生代的新兴植物包括大量阔叶落叶乔木。

蕨类植物
新型林木的繁荣为蕨类植物造就了很多不同的栖息地。蕨类植物也演化出了新的形态。

芬芳的花朵
花朵迅速演化出了吸引昆虫和其他授粉动物的能力，比如有了鲜艳的花瓣和香甜的花蜜。

禾本科植物
植物界的一个大变化是禾本科植物变得十分普遍，它们成为某些动物的主要食物来源。

动物

大型恐龙的消失对动物界产生了巨大影响，特别是那些取代了它们的哺乳动物。鸟类也幸存了下来，开始繁荣兴盛。昆虫和类似的动物也都发生了多种演化，以便最大限度地利用新栖息地。

陆生无脊椎动物
蝴蝶等授粉昆虫在开满花朵的森林里兴旺繁衍，广阔的草原上生活着大量草蜢和甲虫。

甲虫化石

泰乐通鸟

鸟类
大部分现生鸟类都演化于新生代中期之前。其中部分成员十分巨大，比如不能飞翔的冠恐鸟和与现生秃鹫相像的泰乐通鸟。

袋剑齿虎

哺乳动物
哺乳动物的数量和种类都急剧增加。大型植食性动物被诸如袋剑齿虎等肉食性动物捕杀，而小型哺乳动物则要繁盛得多。

人类的起源
这个头骨化石可能属于我们最古老的祖先——乍得沙赫人。乍得沙赫人生活在600万年前，比最初直立行走的人类要早200万年，而现代人类演化于20万年前。

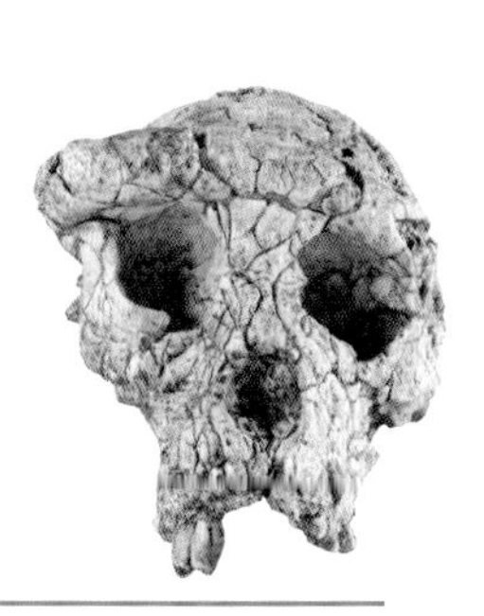

白垩纪	新生代
	0.66 — 0

分叉的舌头
与现生蛇类一样，泰坦巨蟒也会使用分叉的舌头来探测和追踪猎物。它们伸出舌头来捕捉猎物的气息，随后将舌头收回，让气味传到腭部的感觉器官。

泰坦巨蟒

这种巨蟒的化石来自南美哥伦比亚的岩石，它们是有史以来最长、最巨大、最沉重的蛇类，体重可能不亚于一辆小汽车！

最古老的蛇类是在白垩纪中由蜥蜴演化而来的，并且从中生代末期的大灭绝中幸存。在中生代之后的温暖时期里，泰坦巨蟒等部分成员长成了史诗级的巨型动物。这种巨蟒的捕猎方式是紧紧缠绕猎物，让猎物无法呼吸，同现生蟒蛇如出一辙。泰坦巨蟒生活在沼泽中，以鱼类和其他爬行动物为食。

捕食爬行动物
泰坦巨蟒主要捕食鱼类，但也能轻松对付小型鳄类。

肌肉发达的身体
泰坦巨蟒的身体长达 15 米，几乎都是结实的肌肉。

多孔的颌部

与所有蛇类一样，泰坦巨蟒也会将猎物整个吞下。蛇类灵活的下颌和充满弹性的皮肤让它们可以吞下宽度数倍于自己身体直径的猎物。泰坦巨蟒在饱餐之后的数日里都不必再次进食。

血盆大口

这种非洲食蛋蛇正张着大嘴吃掉鸟蛋，随后它会压碎蛋壳榨出蛋液，最后吐出蛋壳。

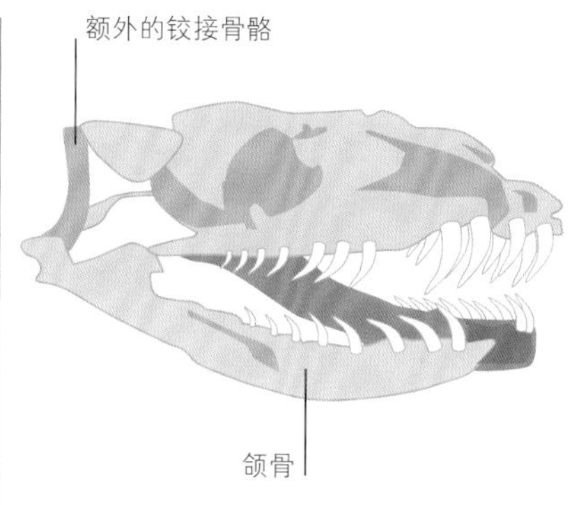

特殊的骨骼

蛇类具有这种惊人吞咽能力的原因可能是它们的颌骨前部由弹性的韧带连接，且和头骨的铰接较松。

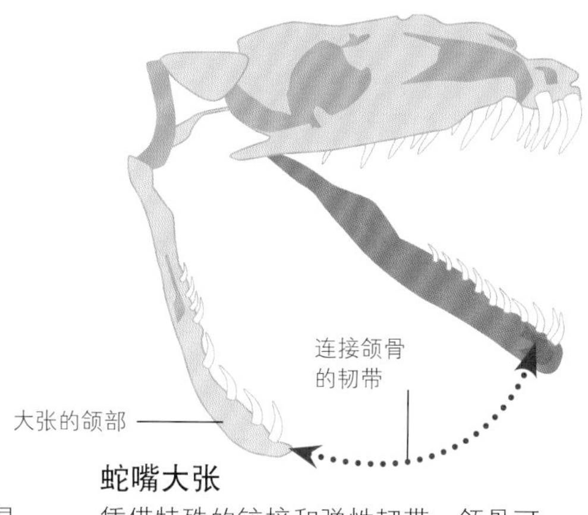

蛇嘴大张

凭借特殊的铰接和弹性韧带，颌骨可以张到不可思议的程度。而且，颌部还能往后拉动，将猎物拖进嘴里。

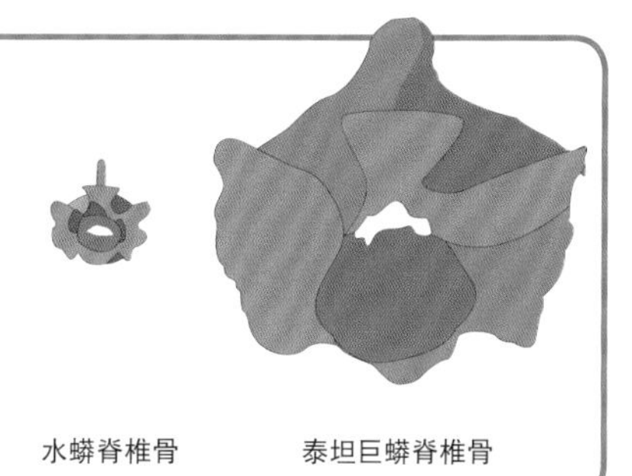

超大骨骼

水蟒是最大的现生蛇类之一，但是它们的脊椎骨和泰坦巨蟒一比就相形见绌了。

泰坦巨蟒和**大客车**一样长，背部距地面足有1米。

长有花纹的皮肤

长有鳞片的皮肤可能像水蟒皮肤一样带有花纹。

蛇类

泰坦巨蟒

生存年代：6000万~5800万年前

栖息地：热带沼泽

身长：15米

食物：鱼类和爬行动物

几维鸟的羽毛？
冠恐鸟似乎有着毛发一样的羽毛，与此处展示的几维鸟羽毛类似。不过，部分科学家认为美国发现的一片大的羽毛化石属于冠恐鸟。

长有鳞片的腿
与现生鸟类一样，冠恐鸟长而有力的腿部可能长有鳞片。

强壮的双足
冠恐鸟凭借3根强壮的前向脚趾站立，脚趾上有钝爪。

残留趾
足部内侧有不接触地面的第四趾。

冠恐鸟

这种不会飞的鸟类就像是超大号的鸵鸟，它们要么是可怕的猎手，要么会像鹦鹉一样用强有力的喙部啄开坚果。

19 世纪 70 年代，在美国怀俄明州的岩石里发现了不能飞的大型鸟类的化石。人们将其命名为不飞鸟类，但是发现者没有意识到欧洲在 20 年前也发现过类似的鸟类化石，即冠恐鸟化石。现在我们发现它们是同一种动物，因此“不飞鸟”这个名称已经废弃不用。不管怎么说，这种生物都令人印象深刻。它们有巨大而结实的喙部，但我们还不清楚喙部的确切用途。

除了喙部和短尾巴，冠恐鸟看起来就和**兽脚类恐龙**一模一样。

带钩的喙
冠恐鸟用它细小带钩的喙捕食。

坚果
冠恐鸟应该品尝过榛子和核桃的祖先，以及其他很多可食用植物。

长脖子
长而灵活的脖子让冠恐鸟的大脑袋可以朝各个方向移动。

巨大的头骨
头骨和下颌极为结实，它们的解剖结构表明颌肌也非常有力。冠恐鸟必然是为了某种特殊的目的才需要这种力量，但我们还没解开这个谜题。

鸟类

冠恐鸟

生存年代：5600万~4000万年前

栖息地：茂密的热带森林

高度：2米

食物：未知

巨大的鸟蛋

我们已经发现了可能属于冠恐鸟鸟蛋的化石碎片。复原后的鸟蛋的长度超过23厘米，而直径只有10厘米，大于鸵鸟和鸡等现生鸟类的蛋。实际上，它们和中生代祖先（葬火龙等兽脚类恐龙）的蛋更为相似。

冠恐鸟蛋

鸵鸟蛋

鸡蛋

砸开坚果

在南美洲的热带雨林中，蓝紫金刚鹦鹉等以坚果为主要食物的大型鹦鹉会用沉重的喙部敲开硬壳。坚果营养丰富，所以演化出巨大的喙部很可能有助于冠恐鸟尝到森林中更大的坚果。但是，喙部也可能是用于敲开动物尸体的骨头来取食骨髓，以及捕杀活物，或包揽上述所有任务。

其他食虫者

在新生代早期，昆虫是很多小型脊椎动物的重要食物，如曙猿等早期灵长类就会吃昆虫。曙猿与现生眼镜猴类似，最多和老鼠一般大小。虽然它们可能主要以水果为食，但昆虫可以为它们补充至关重要的蛋白质。

回声定位

捕捉昆虫的蝙蝠在黑暗中通过制造高音调的叫声来定位猎物。当声波从实体上反射回来时，蝙蝠敏锐的耳朵能够捕捉到回声。随后，它们的脑部将回声流转变为准确显示飞行猎物位置的图像。

倒挂

与现生蝙蝠一样，伊神蝠的脚踝很适合倒挂。这种栖息方式让它们可以在狩猎时轻松地起飞。

哺乳动物

伊神蝠

生存年代：5200万年前

栖息地：林地

身长：14厘米

食物：昆虫

细节完好的化石
伊神蝠化石发现于美国怀俄明州，保存得十分完好。化石展现出了非常细微的骨架结构，部分化石上甚至还留有软组织的痕迹。

鼩鼱一样的牙齿
伊神蝠的牙齿和现生鼩鼱十分相似，而鼩鼱就是以昆虫为食。

捕食昆虫
部分化石的胃里有蛾翼的鳞片，表明伊神蝠会捕食飞蛾。

并无尾膜
与现生蝙蝠不同，伊神蝠没有将身体和尾部连接在一起的尾膜。

伊神蝠

这种蝙蝠和现生蝙蝠极为相似，让人难以相信它们其实生活在5000多万年前。伊神蝠甚至可以和现生蝙蝠一样在夜间捕食飞行的昆虫。

蝙蝠的骨骼非常纤细脆弱，因此很少能成为化石。伊神蝠是最古老的蝙蝠之一，但是从解剖结构来看，它们已经具有相当不错的飞行能力。牙齿表明它们是食虫者，而内耳骨则说明它们在夜间依靠回声定位来捕捉昆虫，这都和它们的现生后裔一样。

伊神蝠得名于希腊神话里的**男孩伊卡洛斯**，他凭借绑在双臂上的羽毛飞上了天空。

尤因他兽

这种重量级的植食性动物有着庞大的身体和可能与之相应的旺盛食欲。它们是填补了继恐龙之后大型动物空白的哺乳动物之一。

中生代的陆生动物界由巨大的植食性恐龙主宰。在它们灭绝之后，小型哺乳动物变得越来越大，可能也有和恐龙一样的生活方式。数千万年的演化造就了诸如尤因他兽等巨人植食者。尤因他兽极为庞大，专门采食植物且食量巨大。

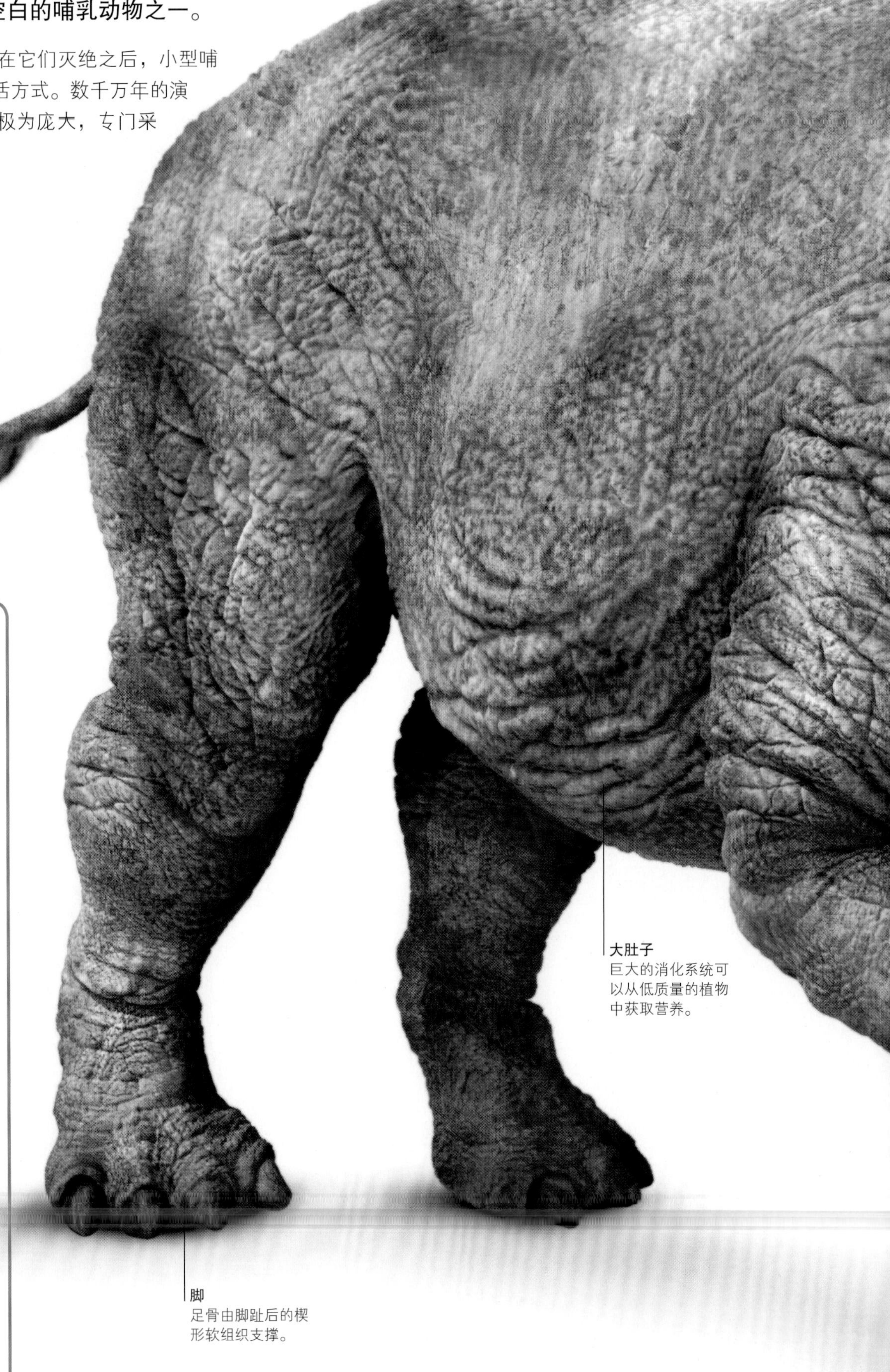

已灭绝的巨型植食性动物

尤因他兽是多种巨型植食性动物中的一员。它们在新生代中期开始繁盛，但只有很少几种延续到了今天，比如非洲和亚洲的大象和犀牛。

巨犀

这种 2000 万年前的犀牛亲属是有史以来最巨大的陆生哺乳动物。它们站立时肩高 5.5 米，可以像长颈鹿一样够到树冠上的叶子。

恐象

它们是大象的亲戚，但比所有现生大象都大，还有从下颌向下弯曲的奇怪象牙。它们灭绝于约 100 万年前。

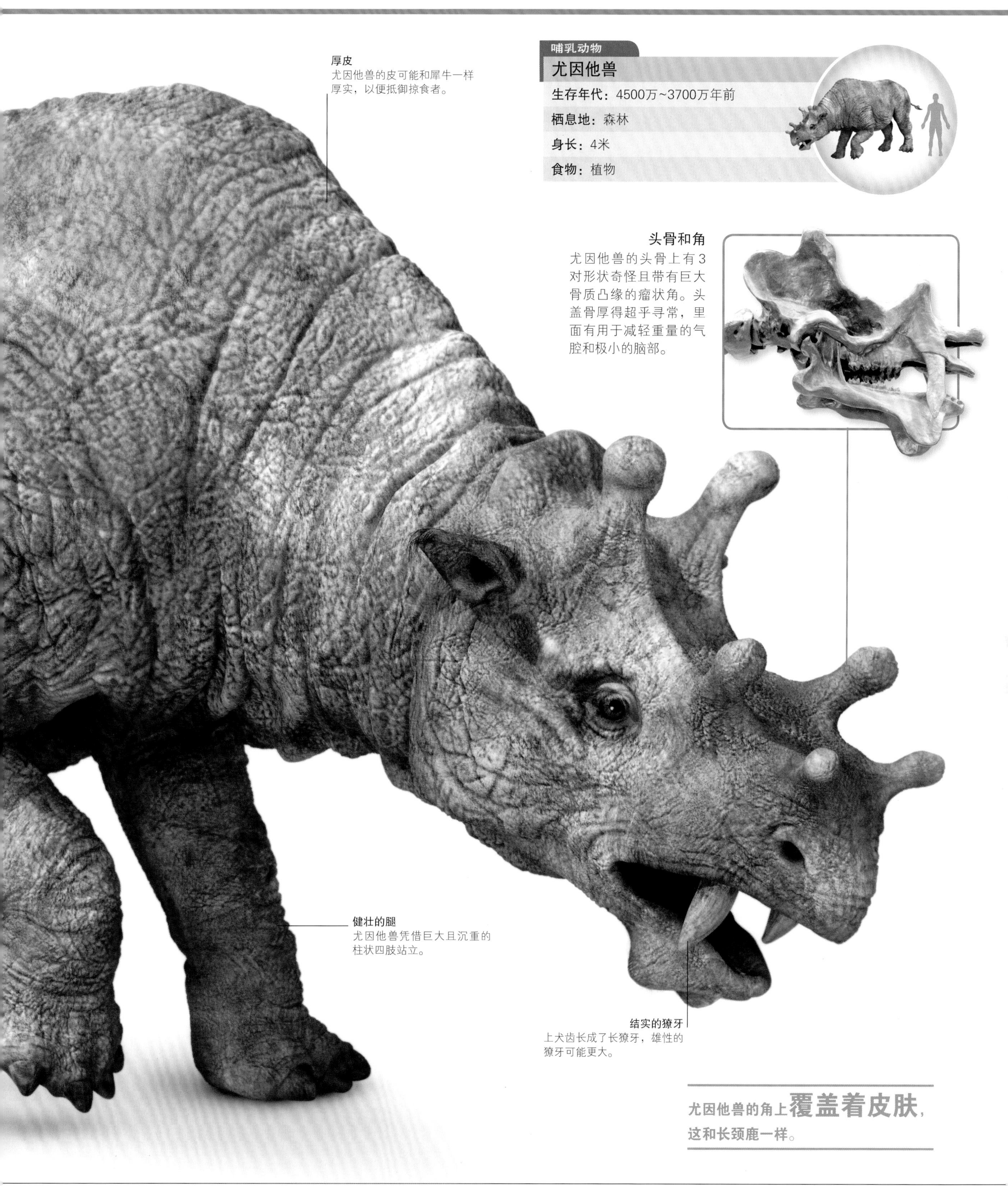

尤因他兽的角上**覆盖着皮肤**，
这和长颈鹿一样。

锯齿状的牙齿
压扁的头骨和颌部中既有类似人类儿童第一副牙齿的乳牙，也有死去时尚未萌出的恒牙。锯齿状的臼齿很适合撕开树叶，嚼碎种子和水果。

毛茸茸的身体
化石清晰地保留了皮肤上覆盖着厚厚绒毛的证据。

达尔文猴

约 4700 万年前，欧洲的树上栖息着明显属于灵长类的小型哺乳动物。灵长类包括狐猴、猴子、猿和人类。

达尔文猴的化石发现于 1983 年，它保存在从德国采石场里挖出来的一块油页岩岩板里。化石的精细程度令人惊讶，几乎每块骨头都得以保留，就连皮肤和毛发的轮廓也不例外。我们可以辨识出这是一只雌猴，只有 9 个月大，还长着乳牙。牙齿的形状表明它是个植食者。化石甚至保存了它在最后一餐里吃下的水果和树叶。它肯定是在树上觅食，就跟很多现生灵长类动物一样。

抓握手

达尔文猴长着与拇指相对的抓握手，即拇指可以越过手掌碰触其他手指的指尖，这和我们的手一样。因此，它们在爬树时能够紧紧抓住树枝。手指上有长指甲，而不是利爪。

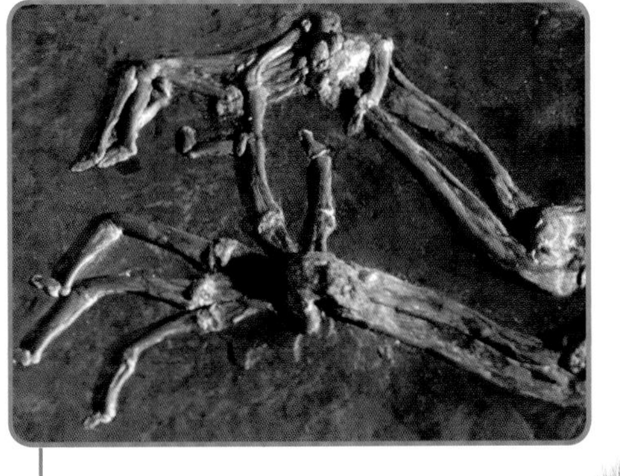

长尾巴
与很多现生灵长类一样，达尔文猴的尾部远长于身体。

双眼视觉
在树枝间跳跃时，前向的眼睛有助于达尔文猴精确判断距离。

便利的足部
与大拇指一样，大脚趾也与其他脚趾相对生长，因此足部也可以发挥手一样的作用。

精致的细节

这只达尔文猴死去的地点正位于火山活动地区的湖边。它可能死于有毒的火山气体并跌进了湖里，随后被没有空气的含油淤泥掩埋，因此没有腐烂。最后，淤泥成了封存遗骸的岩石，将精致的细节存留其中。

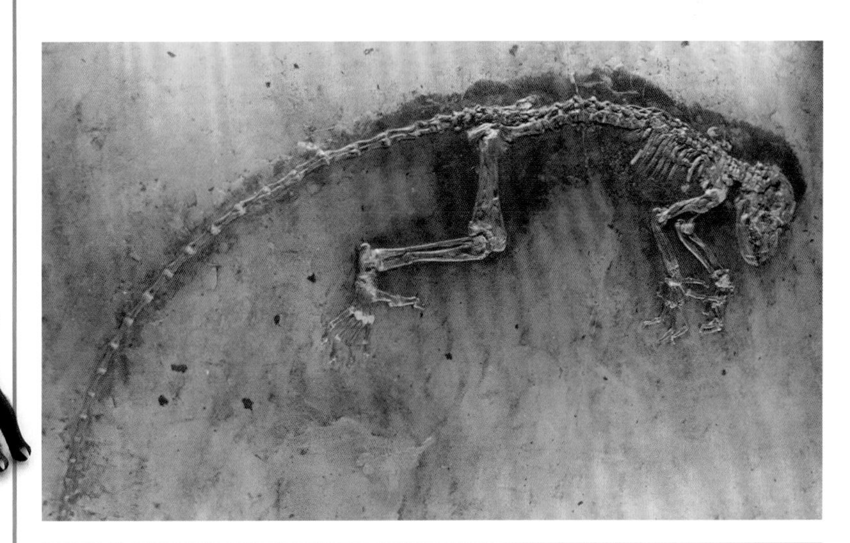

远亲？

2009 年，达尔文猴作为人类和其他动物之间“失落的环节”上了新闻头条。有人认为在同时显示出猴子、猿和人类典型特征的化石中，这是最古老的一具。如果真是如此，那么达尔文猴就是我们遥远的祖先。但是，另一些科学家发现有特征表明它们是狐猴等动物的祖先，它们在演化谱系上和我们不属于同一分支。

哺乳动物

达尔文猴

生存年代：4700万年前

栖息地：森林

身长：58厘米

食物：树叶、水果和种子

森林中的威胁

约6500万年前，最后一只恐龙也消失无踪了，一只庞大的大地懒正在红杉林里觅食。但是，危机在低矮的灌木丛中徘徊，一只可怕的刃齿虎正无声无息地朝它靠近。

大地懒虽不是杀手，但也武装着巨大的长爪和强壮的大块肌肉。必须捍卫自己的时候，它们的爪子能给予刃齿虎重创。刃齿虎紧张地匍匐在地上，犹豫着是否要发起攻击，因为它明白自己虽然有巨大的可戳刺的犬齿，但并不是大地懒的对手。

安氏兽

安氏兽的巨大头骨化石来自蒙古的沙漠，这种可怕的掠食者可能是有史以来最巨大的陆生肉食性哺乳动物。

安氏兽有着长长的颌部和锋利的门牙，长得很像大型鬣狗。虽然它们的习性可能也和鬣狗一样，但与它们亲缘关系最近的现生动物是猪等有蹄类。它们的每根脚趾上可能都有宽大的蹄部而非爪子，它们的钝颊齿更适合碾压食物而非切割。尽管如此，安氏兽对其他动物来说仍是非常可怕的掠食者。

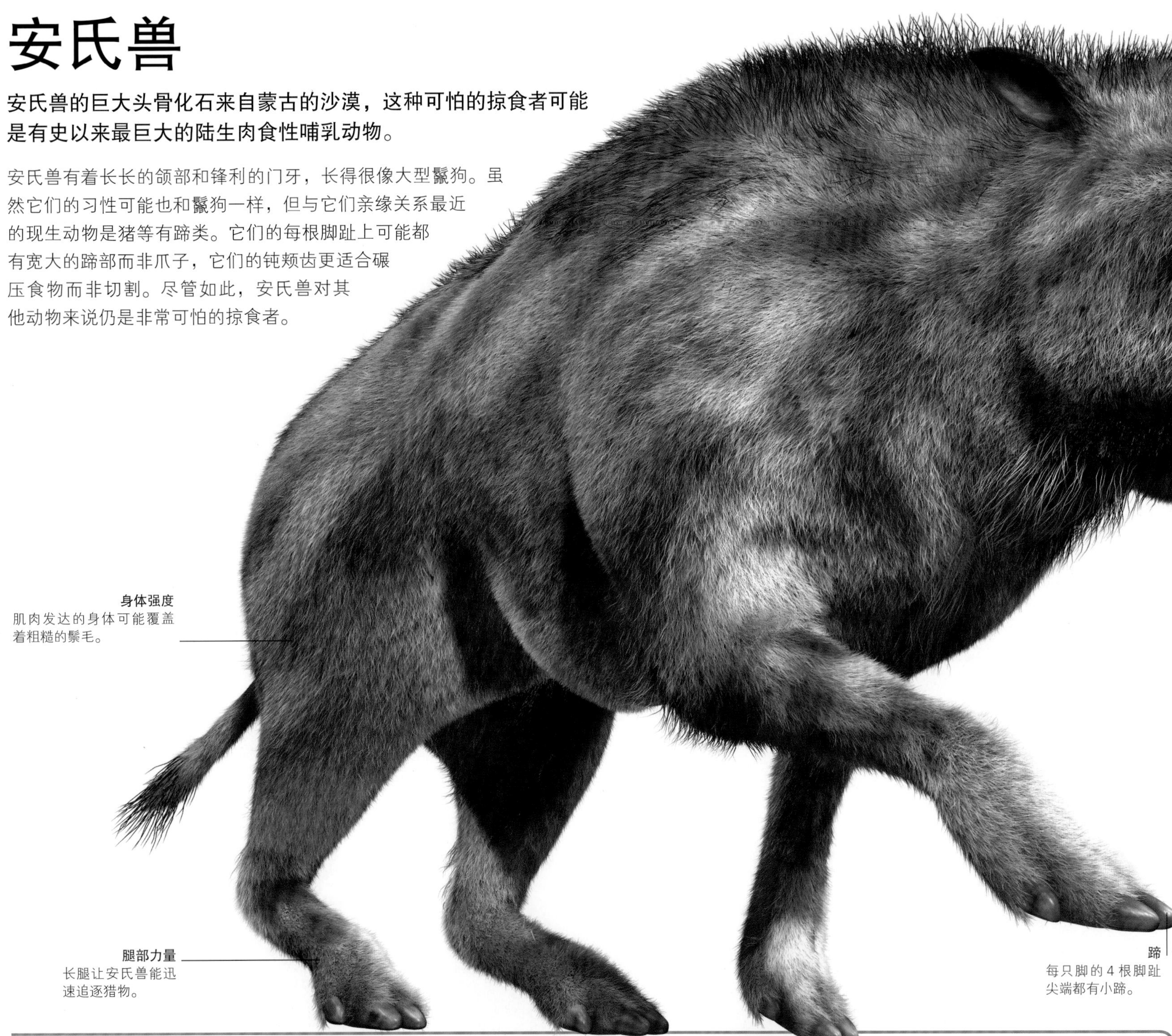

身体强度
肌肉发达的身体可能覆盖着粗糙的鬃毛。

腿部力量
长腿让安氏兽能迅速追逐猎物。

蹄
每只脚的 4 根脚趾尖端都有小蹄。

罗伊·查普曼·安德鲁斯

安氏兽得名于它的发现者——美国化石猎人罗伊·查普曼·安德鲁斯。他在 20 世纪 20 年代领导了多次在中国和蒙古的考察，也发现了多种恐龙化石。安德鲁斯一开始只是美国自然历史博物馆里职位很低的实验室助手，后来成为馆长。

肉食性的猪

与安氏兽亲缘关系最近的动物是古猪类（也称巨猪类），它们是有着蹄和巨大强壮颌部的掠食者和食腐者。“肉食性的猪”这个说法可能有些奇怪，但实际上这种野猪几乎什么都吃。它们是凶猛的动物，危险性不亚于狼。

安氏兽的头骨是**阿拉斯加棕熊**头骨的两倍大，而这种熊是现在最大的陆生掠食者之一。

哺乳动物

安氏兽

生存年代：4500万~3600万年前

栖息地：平原

身长：4米

食物：主要是肉

头骨和牙齿

头骨具有极宽的颧骨，但颌部很窄。尖尖的犬齿表明它们是掠食者，但颊齿很钝。

颌部碾压

与安氏兽有亲缘关系的动物都有着极深且强壮的下颌，可以压碎骨头。

巨齿鲨

臭名昭著的大白鲨便是巨齿鲨的后裔。这些硕大的海洋猎手可能是当时最强大、最恐怖的海洋掠食者。

鲨鱼已在全球海洋中畅游了4.2亿年，它们远在恐龙诞生之前就已出现。到了新生代晚期，4亿年的演化已经将它们塑造成了地球上最高效的掠食者，而巨齿鲨是其中最庞大的成员之一。这些身体呈流线型的杀手有硕大的颌部，里面长有一排排边缘如刀的牙齿。敏锐的感觉让它们能够以致命的精准度在伸手不见五指的黑暗里追寻猎物。

尾鳍
鲨鱼凭借有力的尾鳍在水中突进。

结实的肌肉
鲨鱼的身体有着大量强壮的肌肉，为游动提供了力量保障。

胸鳍
向前游动时，翅膀一样的长长的胸鳍会制造出升力。

高效的鳃
鳃从水中收集维持生命的氧气。游得越快，鳃吸收的氧气就越多。

巨鲨

巨齿鲨（*Carcharodon megalodon*）和大白鲨（*Carcharodon carcharias*）可能是近亲，因此它们的属名相同。但是，巨齿鲨的大小和体重都远超大白鲨。捕食浮游生物的鲸鲨是最大的现生鱼类，它们在巨齿鲨面前也要败下阵来。

巨齿鲨 20米
鲸鲨 10米
大白鲨 4米
0米 5米 10米 15米 20米

超级感觉

与现生鲨鱼一样，巨齿鲨的感觉极为敏锐。猎物隐藏在附近的时候，它们甚至能通过微弱的肌肉电信号将对方找出来。这种能力通过洛伦兹壶腹代代相传，这是一个特殊的传感器，得名于在1678年首次对其进行描述的人。

电流传感器位于鲨鱼吻部那充满凝胶的孔洞网里。

重叠的鳞片
鲨鱼皮肤上镶嵌着牙齿一样的小鳞片，它们叫作皮齿。皮齿不仅发挥着铠甲的作用，也有助于水在鲨鱼身体表面流动，让鲨鱼即使游一整天也不会累。

大白鲨是最强大的现生掠食性鲨鱼，但巨齿鲨的咬力至少是大白鲨的6倍。

可再生的牙齿

一排排新的锯齿状牙齿在颌部内侧不断生长，它们移到前方替换开始失去锋芒的旧牙。旧牙被推到颌部边缘，并在完全变钝之前脱落。

大地懒

比大象还大的大地懒是树懒的超大型亲戚，树懒以树叶为食，至今仍生活在南美洲的雨林中。

现生树懒精于爬树，可以悬挂在高高的树枝上。但树木承受不了大地懒的体重，因此它们都生活在地上。不过，它们用后肢站起来的时候也可以够到树冠上的枝叶，此时它们会用强壮的尾巴支撑身体。大地懒的爪子极长，与现生树懒相似。这种爪子可以帮助它们把高处的树枝拉到嘴边。然而，爪子也迫使它们必须在行走时用脚的侧边来负担庞大的体重。

哺乳动物

大地懒

生存年代：200万~1万年前

栖息地：林地

身长：6米

食物：植物

高处觅食

巨大的身体让大地懒可以从高处的树枝上采食更有营养的嫩叶，这可能也是它们的主要食物。用后肢站起来的时候，它们可以利用强壮的尾巴来承担部分体重，尾巴此时就好像第三条腿。

石化的爪子

这具化石展示了部分脚趾和爪子的骨芯，爪子的角质鞘至少是爪子的3倍长。

庞大的身体
庞大的身体里装着巨大的胃，以便满足大地懒旺盛的食欲。

刃齿虎的学名“*Smilodon*”来自希腊语，意为**“雕刻刀一样的牙齿”**。

刃齿虎

恐怖的剑齿虎类潜行于新生代末期的草原和森林，其中最大型的成员便是极为强壮且全副武装的刃齿虎。与大多数掠食者不同，刃齿虎特别擅长猎杀比自己大的猎物。

哺乳动物

刃齿虎

生存年代： 250万~1万年前

栖息地： 开阔的林地和平原

身长： 2米

食物： 大型植食性动物

刃齿虎的主要武器是强壮的前肢和巨大的犬齿。犬齿很长，以至于在颌部闭合时也无法包进嘴里。弯曲的锯齿利刃可以在大型动物身上留下极深的伤口，使猎物大血管破裂而死。

犬齿

上犬齿不算上牙根也有18厘米长，具有可以穿透软组织的锋利锯齿边缘。但是上犬齿很细，可能会被坚硬的骨骼撞断。

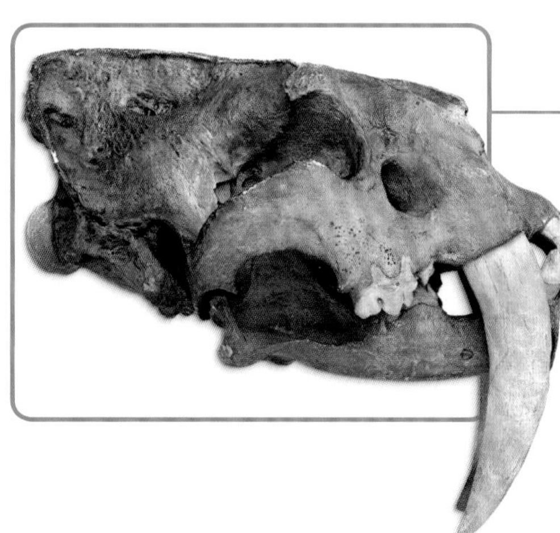

大嘴

剑齿虎类的嘴可以张得极大。老虎打呵欠时颌部完全张开，可达到70°，而刃齿虎可以张到90°，甚至120°。这种动作挪开了下颌，好让上犬齿深深扎进猎物的喉咙或腹部。

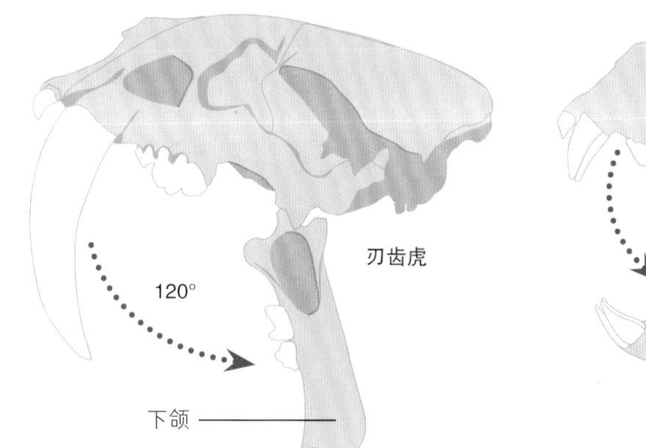

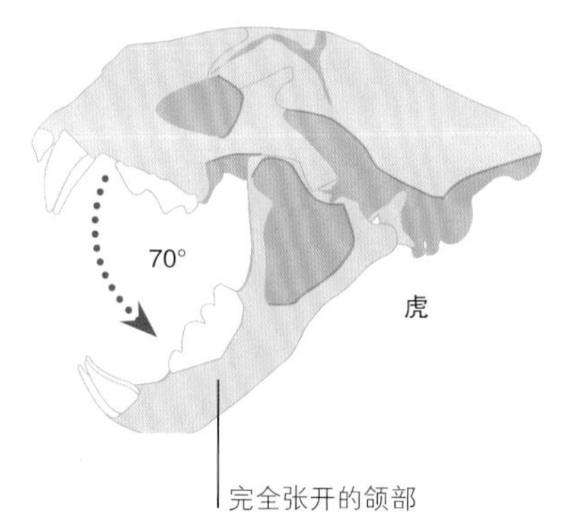

死亡陷阱

美国加利福尼亚州的拉布雷亚沥青坑里发现了数千具刃齿虎化石。该地区的地面会自然渗出黑色沥青，形成了能困住各种动物的黏稠陷阱。无数刃齿虎被唾手可得的食物吸引过来，再也无法脱身。这张照片拍摄的是刃齿虎头骨化石的一部分，头骨化石已经被沥青染成黑色。

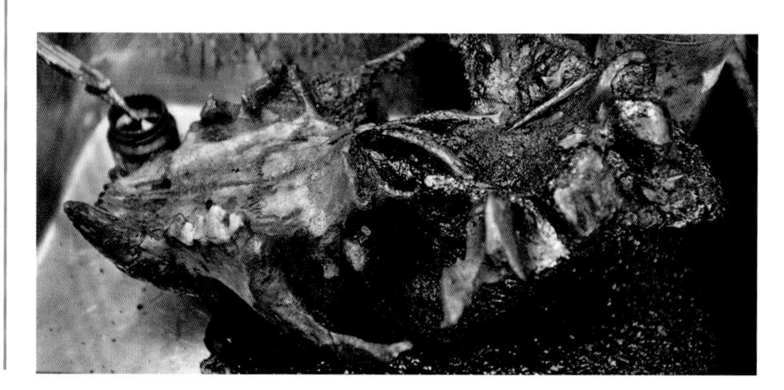

长毛猛犸象

在上一个冰河时代里，大片草原点缀着北方大陆辽阔冰川的边缘，一群群庞大的长毛猛犸象漫步其中。

猛犸象是现生亚洲象的近亲，它们生活在500万年前的非洲、欧洲、亚洲和北美洲。猛犸象至少有10个种，其中最著名的是长毛猛犸象。这个类群适应了最近一个冰河时代的寒冷气候，它们的栖息地在远至西伯利亚的北方地区。在北冰洋沿岸的干燥草原上，长毛猛犸象和鹿、野牛、野马比邻而居。当时，猛犸象是深受早期人类喜爱的猎物。

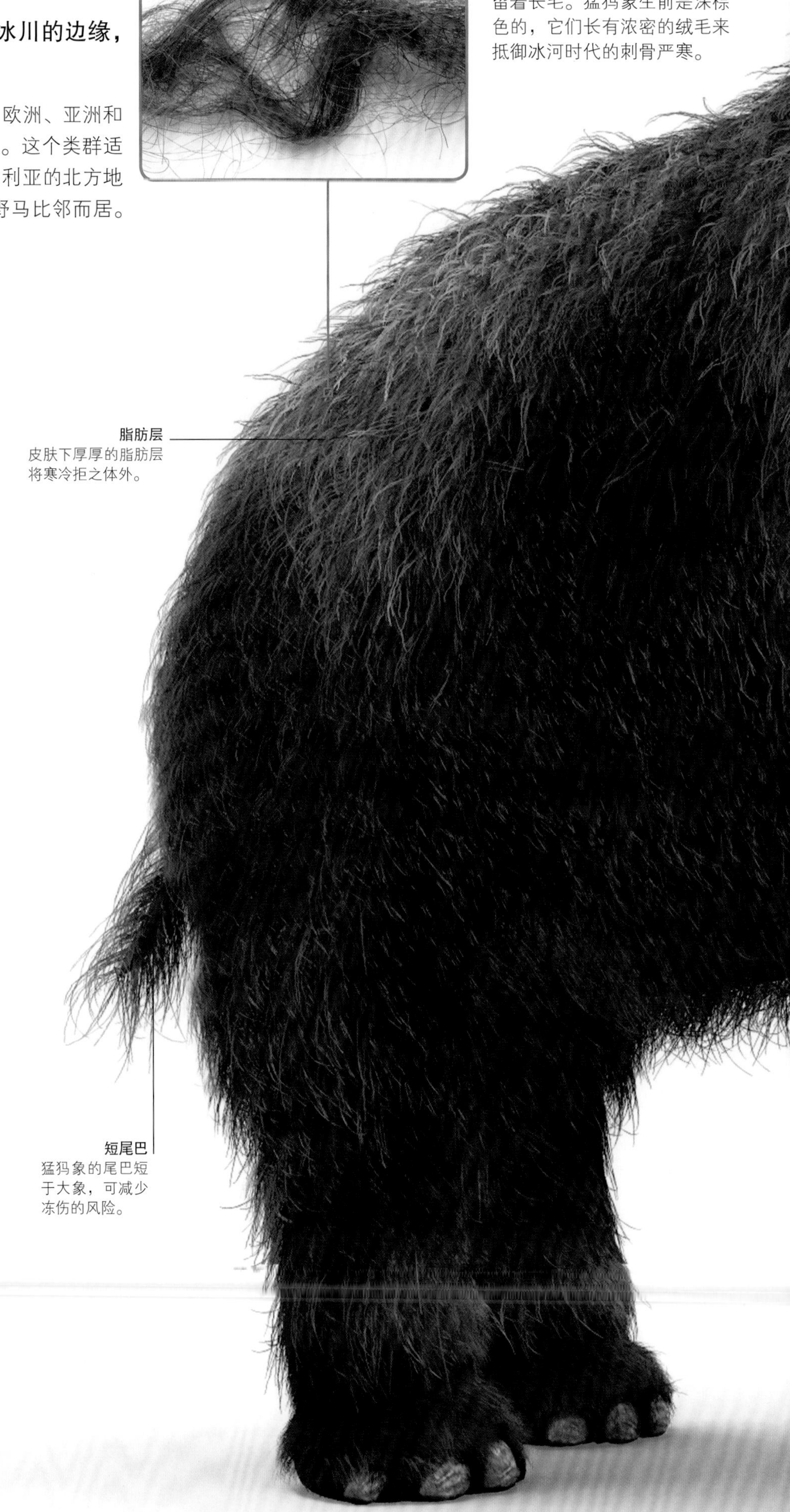

冰冻的遗骸

一些陷进沼泽里的猛犸象被深度冰冻，因此完整地保存了数万年。这只小象于2007年在西伯利亚被人发现，它死于4.2万年前，只有一个月大。身上的毛发几乎已经掉光，但这个小宝宝的胃里还残留着母乳。

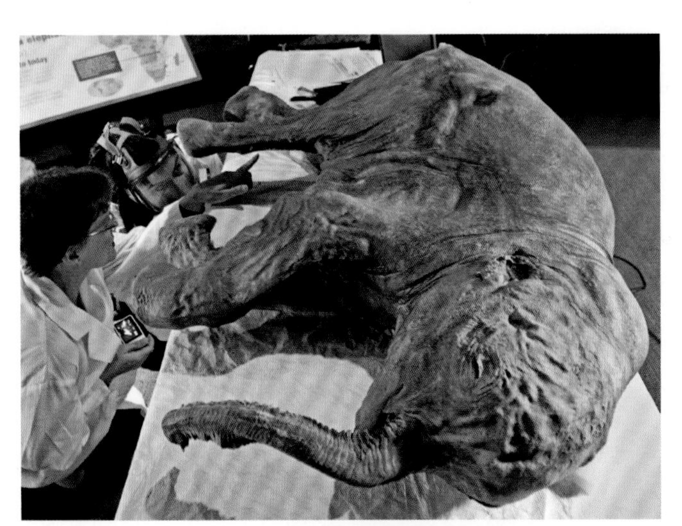

冰冻的长毛猛犸象

趾尖行走

与现生大象一样，猛犸象也用足尖行走，但它们不必像芭蕾舞演员一样平衡足尖上的身体。每只脚的骨骼都由海绵状软组织形成的楔形结构支撑，以便吸收冲击力。宽大的圆形足垫还能分散庞大的体重，让它们在柔软地面行走时时也不会陷下去。

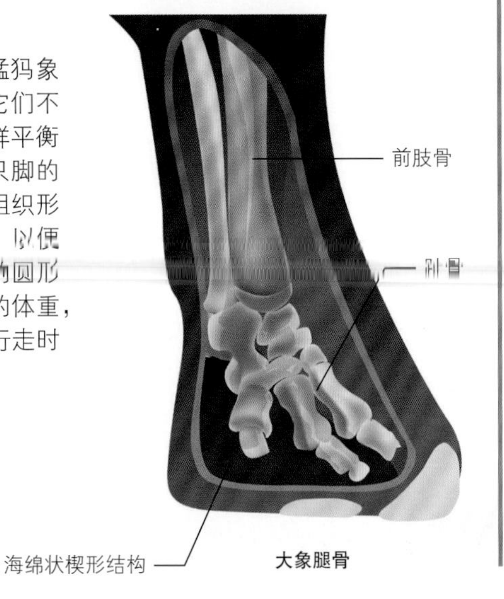

大象腿骨

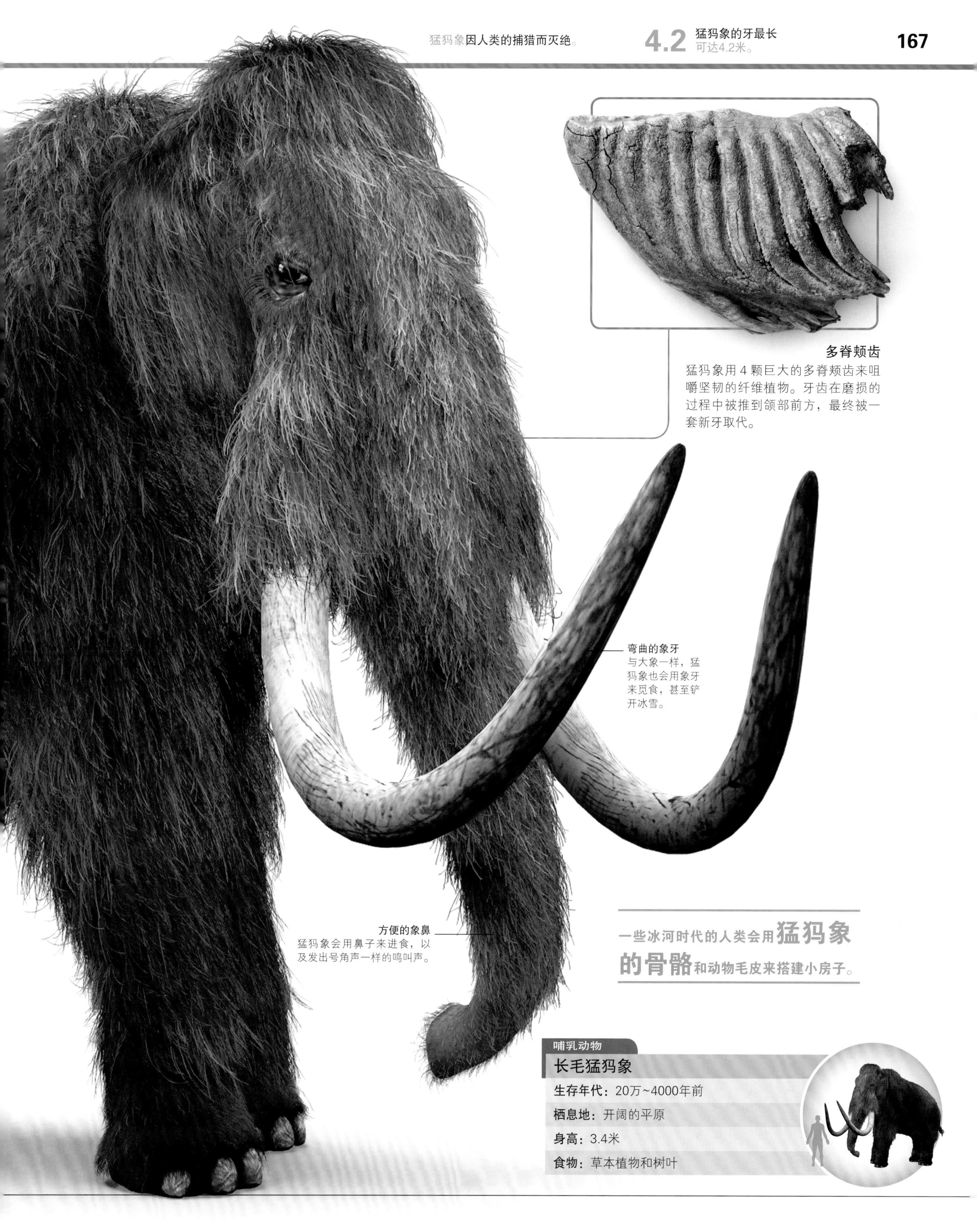

多脊颊齿

猛犸象用4颗巨大的多脊颊齿来咀嚼坚韧的纤维植物。牙齿在磨损的过程中被推到颌部前方，最终被一套新牙取代。

一些冰河时代的人类会用猛犸象的骨骼和动物毛皮来搭建小房子。

哺乳动物

长毛猛犸象

生存年代：20万~4000年前

栖息地：开阔的平原

身高：3.4米

食物：草本植物和树叶

恐龙科学

恐龙科学的发展进入了振奋人心的时代。在已经发现的恐龙中，至少80%都是1990年之后发现的。惊人的化石发现和前所未有的细致分析让我们对这些不可思议的生物和它们的生活有了新的认识。

化石形成

化石是我们了解恐龙和其他已灭绝动物的唯一途径。动物的身体通常会在死后彻底腐烂分解，但有时候骨骼和牙齿等比较坚硬的部分会以特殊的方式被埋葬，因此腐烂过程得以减缓或停止。随着时间的推移，它们可能会吸收能让自己变成石头的矿物质，最后成为化石。

化石种类

化石通常是变成石头的甲壳或骨骼，它们被称为身体化石。但化石中可能也保存着生物的印痕或铸模。亚化石的形成原理是天然化学物质将动植物的遗骸保存下来，或动植物被流体包裹，流体逐渐硬化。

藏身琥珀中
昆虫和其他小型动物可能会被包裹在黏稠的树脂中，树脂变硬之后就形成了琥珀。这只蜘蛛就在数百万年前遭此厄运。琥珀保存了它的所有微小的身体细节。

缓慢的过程

化石化是一个逐渐发生的过程，可能需要上千万年。地下水渗入被掩埋的动物（比如恐龙）骨骼中，溶解在水里的石质矿物慢慢替代了原本的骨骼物质。矿物质变硬并填充了动物细胞死后留下的空间，于是创造出了石质化石。最精致的化石可以从显微水平再现活组织的细节。

1 走上末路的恐龙
6700 万年前，一只君王暴龙在和甲龙类的搏斗中跛了腿，最后跌进湖中溺死。它的身体沉进了湖床，随后软组织开始腐烂。

2 淤泥掩埋
湖中静止不动的环境使淤泥包裹住了暴龙的尸体，因此骨骼没有受到食腐者的破坏，而是始终连在一起保持着生前的模样。

3 涨潮
沉积在湖中的淤泥逐渐将湖泊变成干燥的陆地。数千万年之后，海平面上升，这片地区被海水淹没，淤泥上也覆盖了白色的海洋沉积物。

铸模和铸型
一只古代海洋生物被掩埋在淤泥之中，淤泥化作岩石之后保留下了它的铸模。这个铸模后来又被淤泥填充，硬化的淤泥形成了形状和该生物完全相同的铸型。

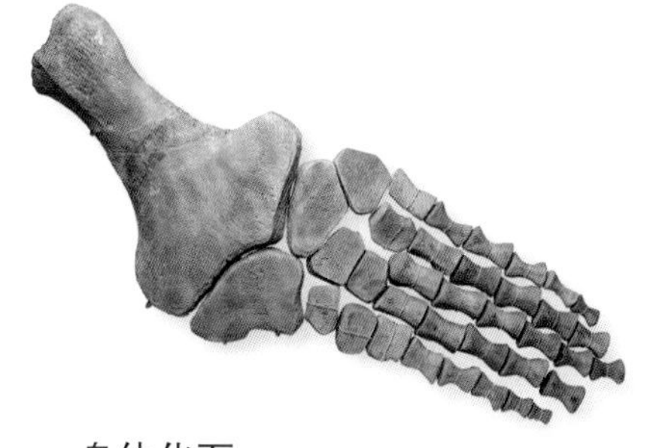

身体化石
这些骨骼曾经支撑着某个海生爬行动物的鳍状肢。它们被掩埋之后逐渐从土壤中吸收矿物质，最后变成了石头。大部分恐龙化石也有相同的形成过程。

印痕
3500 多万年前，一片白杨叶落进了淤泥中。叶片腐烂殆尽，但是它在泥土上留下了印痕。泥土硬化成石头之后，印痕也作为化石保留了下来。

足迹化石
足迹化石在由软泥形成的岩石上十分常见，比如图中这条恐龙的足迹。这种足迹化石显示了造迹者生前的行动方式，非常有研究价值。

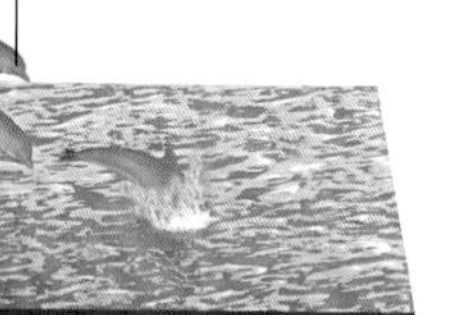

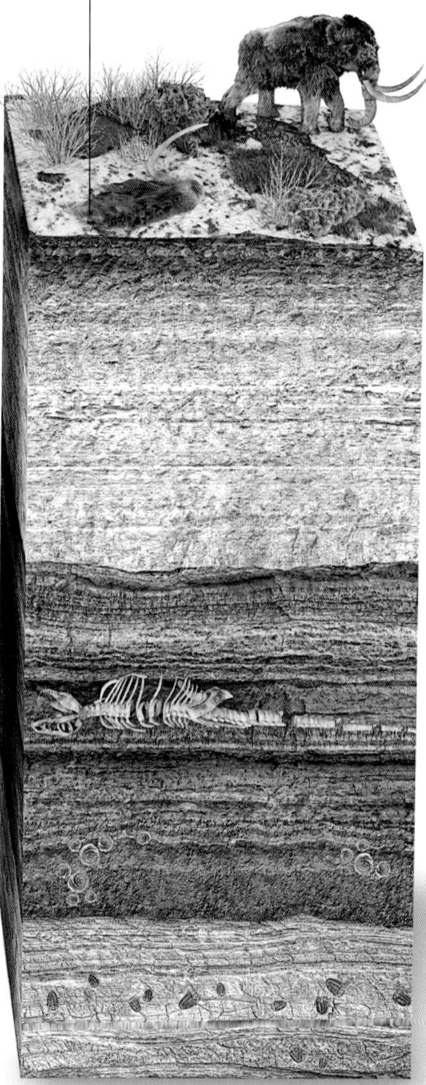

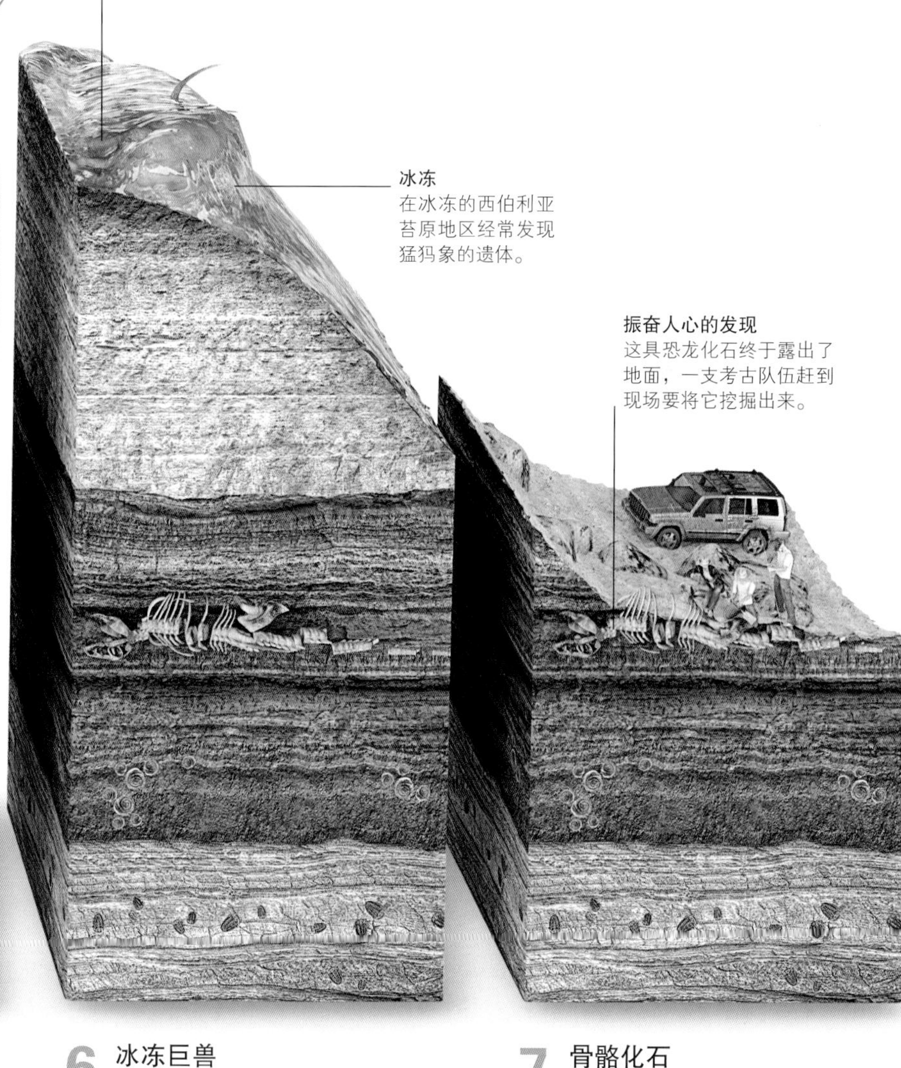

目前最古老的化石来自有 35 亿年历史的岩石。

4 矿物质渗透
沉积物的位置越来越深，溶解的矿物质将它们变成了坚硬的岩石。矿物质也渗透进了掩埋在沉积物中的恐龙骨骼中，将它们慢慢化为石头。

5 冰河时代
在距现代更近的冰河时代中，全球的大部分淡水都变成了冰块，海平面也随之下降。在冰原上漫步的猛犸象有时候会跌进沼泽溺死，然后被冻得结结实实。

6 冰冻巨兽
中古时期，一场洪水冲垮了河岸，冰冻的猛犸象露了出来。不过，暴龙的骨骼化石依然深藏在地下。

7 骨骼化石
河水最终侵蚀掉了岩石，露出了一部分恐龙骨骼化石。兴奋的化石猎人叫来了考古学家，他们开始了缓慢而小心的化石发掘工作。

化石猎人

古希腊哲学家恩培多克勒是认识到化石本质的第一人。当时没人明白岩石是如何形成的，也不知道世界到底经历了多少岁月，因此人们无法想象骨骼怎么会在数千万年的时间里变成化石。直到 17 世纪，博物学家们才开始系统地研究化石。到了 18 世纪晚期，法国科学家乔治·居维叶首次发现化石是已灭绝生物的遗骸。在接下来的一个世纪中，化石猎人们开始收集化石，让我们对地球生命有了全新的认识。

古生物学的开拓者

早期的化石猎人一般都将化石当作装饰品而不是古代生命的证据。随着人们对化石本质的了解越发深入，化石也成为古生物学这个新兴学科的研究对象。最先涉足该领域的科学家们致力于探索化石的意义，渐渐发现了颠覆我们对古代生命认知的成果。

乔治·居维叶（1769~1832）
居维叶在 1796 年发表了第一篇将骨骼化石归属于已灭绝动物的论文。这标志着古生物学的开端。

化石的民间传说

纵观历史，化石从来都不是平凡的石块。有些化石明显具有骨骼、牙齿或甲壳的形状，那为什么它们又是石头呢？大家对此提出过很多解释，大部分都异想天开，但有些也出人意料地极为接近真相，比如古代的中国人就认为恐龙化石是龙的骨头。

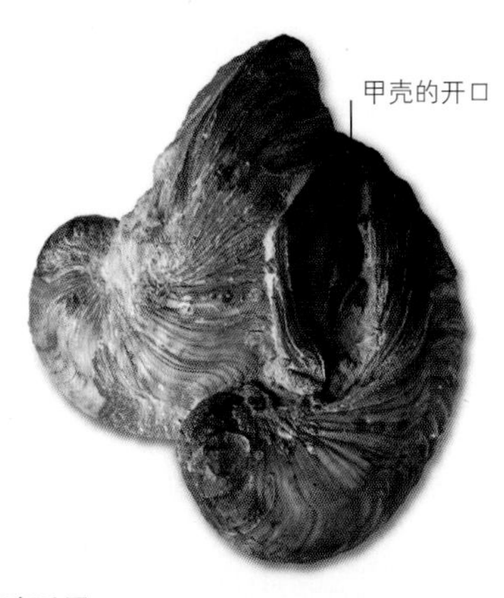

恶魔趾甲
虽然非常类似现生贝壳，但人们曾经以为这些化石是丑陋的恶魔趾甲。实际上，它们是侏罗纪的牡蛎，这种牡蛎的学名为弓形卷嘴蛎。

落雷
箭石是内壳的化石，来自和枪乌贼有亲缘关系的动物。它们看上去很像子弹，人们曾经以为它们是来自天空的落雷。

蛇石
一看图片就能理解为何以前的人们会以为菊石原本是蜷曲的蛇，而且螺旋的末端还被雕刻成了脑袋的模样。实际上，它们是海贝的化石。

魔法石
北欧人将海胆化石称为雷石。大家认为它们是在雷暴中降临人间的，于是将它们当作防范雷击的魔法护身符。

玛丽·安宁（1799~1847）

1811 年，英国西南部年仅 12 岁的玛丽在离家不远的“侏罗纪海岸”发现了鱼龙的完整骨架化石。在接下来的 36 年里，她又寻获了许多更为重要的化石，成为当时最受尊敬的化石专家。其他科学家的很多发现都有赖于她打下的基础。但在男权社会里，她很难得到相应的荣誉。

化石猎人
上图是玛丽和她的狗崔尔，他们站在发现化石的海岸悬崖上。

海龙
玛丽·安宁发现的化石很快名扬四海。当时的画家由此得到了描绘此类图画的灵感，他们笔下的鱼龙和蛇颈龙都是水面上的“海龙”。不过，这些图画一般都有科学错误。

威廉·史密斯（1769~1839）
在英格兰担任测量员的时候，史密斯发现可以通过识别岩石里的化石来计算岩层（地层）的相对年龄。于是，他根据这个原理绘制了第一幅地质图。

威廉·巴克兰（1784~1856）
1824 年，英国科学家威廉·巴克兰首次对恐龙化石做出了科学描述，这种恐龙于 1827 年被命名为巨齿龙。他也是最先鉴定出粪化石的人。

吉迪恩·曼特尔（1790~1852）
吉迪恩·曼特尔是生活在 19 世纪早期的一名医生，他也会利用闲暇时间收集化石。他在 1822 年发现了被他称为禽龙的恐龙的化石，也首次对恐龙展开了深入的科学研究。

理查德·欧文（1804~1892）
欧文是创造了“恐龙”一词的古生物学家。在化石研究方面的深厚造诣让他在当时享有盛名，他还协助建造了举世闻名的伦敦自然历史博物馆。

骨头大战

1860 年以前，人们只发现了 6 种恐龙，但随后就在美国找到了数量惊人的恐龙骨骼化石。到了 19 世纪 70 年代，两位美国古生物学家爱德华·德林克·科普和奥思尼尔·查尔斯·马什开始竞相发掘新的化石。这场竞争称为“骨头大战”。到了 1892 年，他们一共发现了 120 种新的恐龙。

危险的工作
这是大胡子马什（中）和他团队的合影，他们如此全副武装是为了在美国西部的原住民领地里自保。那片土地里保存着质量最上乘的化石。

本末倒置
虽然马什和科普发现了很多重要的化石，但他们有时候并不确定这些家伙的真正样貌。科普曾经闹过一次大笑话，他在复原蛇颈龙类中的薄片龙时把脑袋放到了尾巴尖上，这让他的对手笑破了肚子。

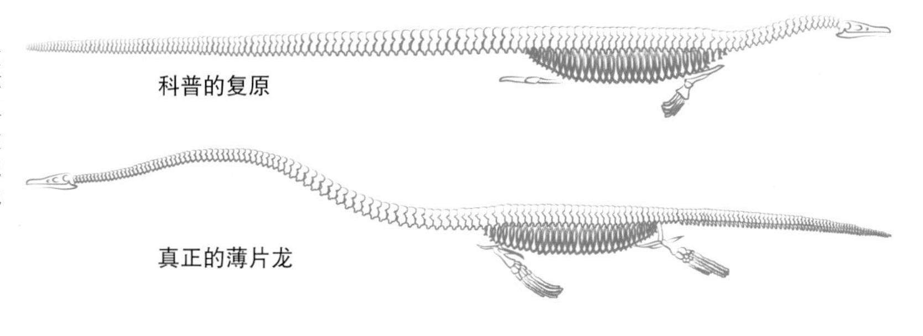

恐龙的名字

所有现生生物都有科学称谓，恐龙也采用了这样的命名方式，它们的名字由希腊字母和拉丁字母组成，这些字母通常描述了它们的某种特征。

Allo	异
Brachio	腕
Brachy	短
Cera	角
Coelo	腔
Corytho	盔
Di	双
Diplo	两
Hetero	畸
Hypsi	高
Mega	巨
Micro	小
Pachy	厚
Plateo	板
Poly	多
Ptero	翼
Quadri	四
Raptor	盗
Rhino	鼻
Salto	跳
Saurus	蜥蜴，爬行动物
Stego	顶
Thero	兽
Tops	头，脸
Tri	三
Tyranno	暴
Veloci	迅

化石点

大部分化石都保存在细粒沉积岩中，这种岩石曾是一层层柔软的泥土或类似的物质。沉积岩遍布世界，有些地区的岩石中保存着大量完好的恐龙化石和其他化石，成了可供研究的关键化石点。能够防止遗骸遭到破坏或迅速腐烂的局部环境和能够保存最微小细节的沉积物碰巧凑在一起，才造就了这种化石点。

艾伯塔省恐龙公园

国家：加拿大

著名化石：包头龙

这片地区靠近加拿大艾伯塔省的雷德迪尔河，在晚白垩世混杂分布着沼泽和温暖潮湿的森林。现在这里是一片岩石嶙峋的干燥土地，岩石中保存着至少40种恐龙化石。

美国国家恐龙化石保护区

国家：美国

著名化石：异特龙

北美中西部的莫里森组是一大片形成于上侏罗统的沉积岩。其中，曾是河流泛滥平原的区域保存着丰富的侏罗纪恐龙化石，这里也成为美国国家恐龙化石保护区。

地狱溪组

国家：美国

著名化石：三角龙

在晚白垩世，今天的美洲草原还覆盖着广阔的海洋。美国蒙大拿州的地狱溪组是海岸边的平原，也曾是多种恐龙的栖息地。它们的化石保存在了当地的沉积岩中。

幽灵农庄

国家：美国

著名化石：腔骨龙

该化石点位于新墨西哥州，因一种恐龙的化石而出名，即晚三叠世的腔骨龙。1000多头腔骨龙葬身于此，留下了数量惊人的化石。这是有史以来最庞大的恐龙骨床之一。

梅塞尔坑

国家：德国

著名化石：达尔文猴

在古近纪中期，这片火山区的有毒气体杀死了成千上万的动物。有毒的环境阻止了尸体迅速腐烂，坑中的含油页岩将化石完整细致地保存了下来。

索尔恩霍芬

国家：德国

著名化石：始祖鸟

索尔恩霍芬开采出的细粒石灰岩中保存着一些迄今为止最完美的侏罗纪化石，包括第一片为人所知的恐龙羽毛，这片羽毛属于始祖鸟。另外，还保存着喙嘴龙和翼手龙的精细化石。

月亮谷

国家：阿根廷

著名化石：始盗龙

部分科学家所知的最古老恐龙的化石都保存在南美洲这片区域的岩石中。这里在晚三叠世是一片沙漠，现在依然荒无人烟，地表看起来就像月球表面。

奥卡马弗伊姆

国家：阿根廷

著名化石：萨尔塔龙

这片岩石密布的荒漠曾经是河流泛滥平原，现在遍地都是破碎的恐龙蛋化石。此地可能自晚白垩世起就是蜥脚类恐龙萨尔塔龙的广阔筑巢地。

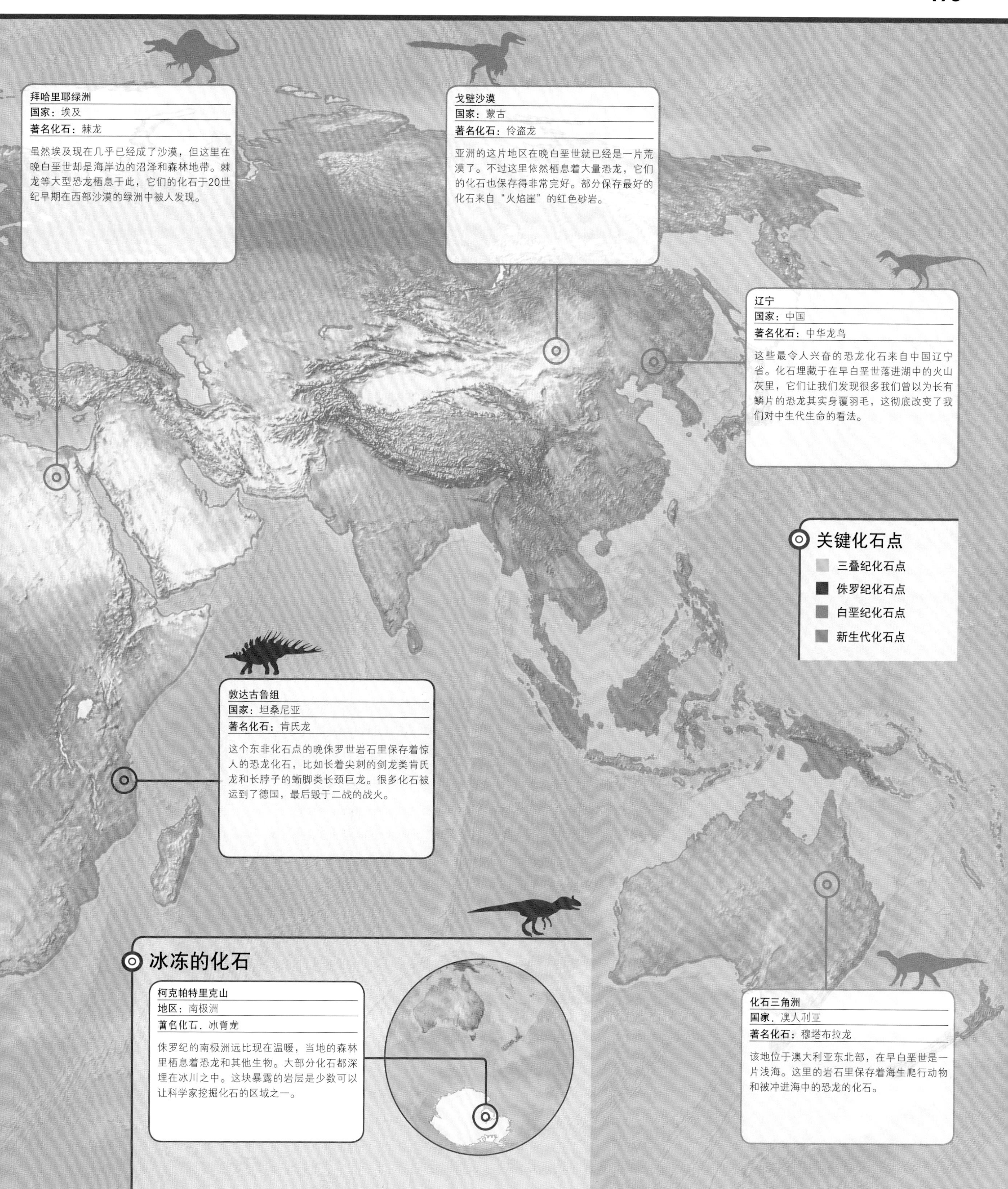

拜哈里耶绿洲
国家：埃及
著名化石：棘龙
虽然埃及现在几乎已经成了沙漠，但这里在晚白垩世却是海岸边的沼泽和森林地带。棘龙等大型恐龙栖息于此，它们的化石于20世纪早期在西部沙漠的绿洲中被人发现。
戈壁沙漠
国家：蒙古
著名化石：伶盗龙
亚洲的这片地区在晚白垩世就已经是一片荒漠了。不过这里依然栖息着大量恐龙，它们的化石也保存得非常完好。部分保存最好的化石来自“火焰崖”的红色砂岩。
辽宁
国家：中国
著名化石：中华龙鸟
这些最令人兴奋的恐龙化石来自中国辽宁省。化石埋藏于在早白垩世落进湖中的火山灰里，它们让我们发现很多我们曾以为长有鳞片的恐龙其实身覆羽毛，这彻底改变了我们对中生代生命的看法。
关键化石点
三叠纪化石点
侏罗纪化石点
白垩纪化石点
新生代化石点
敦达古鲁组
国家：坦桑尼亚
著名化石：肯氏龙
这个东非化石点的晚侏罗世岩石里保存着惊人的恐龙化石，比如长着尖刺的剑龙类肯氏龙和长脖子的蜥脚类长颈巨龙。很多化石被运到了德国，最后毁于二战的战火。
冰冻的化石
柯克帕特里克山
地区：南极洲
著名化石：冰脊龙
侏罗纪的南极洲远比现在温暖，当地的森林里栖息着恐龙和其他生物。大部分化石都深埋在冰川之中。这块暴露的岩层是少数可以让科学家挖掘化石的区域之一。
化石三角洲
国家：澳大利亚
著名化石：穆塔布拉龙
该地位于澳大利亚东北部，在早白垩世是一片浅海。这里的岩石里保存着海生爬行动物和被冲进海中的恐龙的化石。

恐龙化石

提到恐龙化石的时候，我们一般会想到博物馆里高耸的化石骨架。巨大的骨架自然是这些生物最令人惊叹的部分，但恐龙化石并不仅限于此。大部分化石都要小得多，但它们通常能告诉我们很多有关恐龙模样和生活方式的线索。此类化石保存着皮肤组织和羽毛等细节，其中有的甚至还留有颜色。

牙齿

牙齿上坚硬的珐琅质让牙齿十分耐磨，而且常常只有牙齿才能成为化石。各种恐龙牙齿的形状极有特色，科学家可以据此鉴定出它们的归属。牙齿也能提供很多有关食物、觅食方式和食物处理方式的线索。

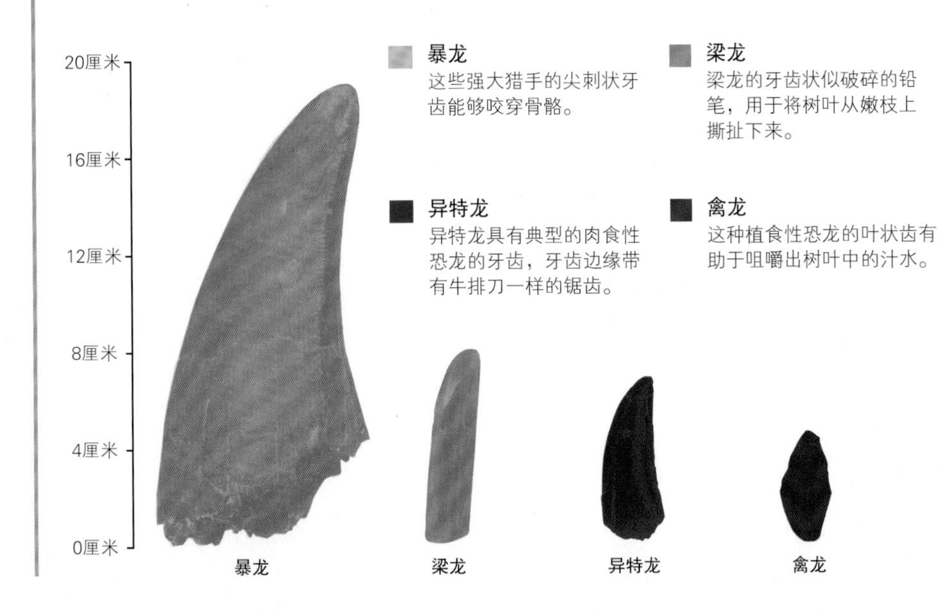

骨骼

除了牙齿，骨骼也很可能形成化石。有的恐龙的骨骼非常巨大，比如从美国国家恐龙化石保护区中挖掘出来的化石，但有些也相当精细小巧。骨骼化石通常破碎零落，但保存得最好的化石也可以存留整副骨架。

足迹化石

最有趣的化石中有一些并没有保存恐龙的身体，它们就是显示恐龙行踪和行为的足迹化石。这种化石可以让科学家研究出恐龙的行动方式、食物种类和群体生活方式。

粪化石

粪便形成的化石出人意料地常见。它们保存着没有消化的食物残渣，科学家可以通过它们研究恐龙赖以为生的食物。

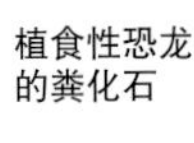

植食性恐龙的粪化石

脚印

恐龙脚印是最重要的足迹化石之一。它们展示了造迹者的行走或奔跑方式，以及是否会群体行动。有的足迹化石甚至还能显示出造迹者在跟踪别的生物。

兽脚类的足迹
这个三趾足迹的造迹者是兽脚类恐龙，这位猎手可能正在寻找猎物。我们可以通过分析脚趾和爪子的印痕来推测它的行动方式。

迅速移动
一连串的足迹可以显示造迹者的速度。这只兽脚类恐龙起初是在行走，之后突然开始奔跑，将时速从7千米提升到了20千米。

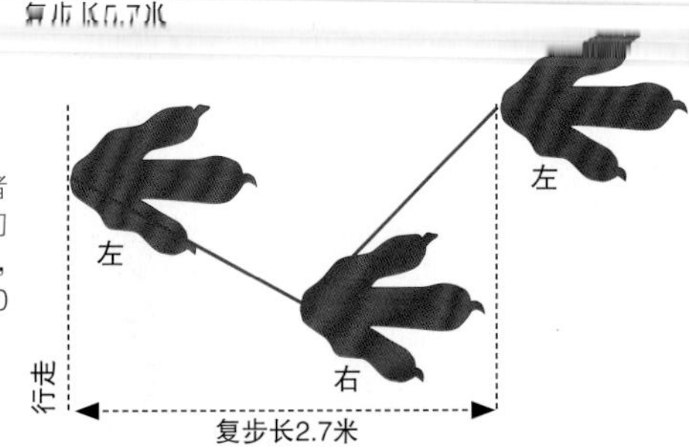

部分化石甚至保存着恐龙最后一餐的残渣，我们可以从中了解到它们在死前享用过什么食物。

恐龙蛋

很多恐龙筑巢地的巢里都有恐龙蛋化石，有些蛋里甚至还有即将孵化的胚胎的化石。恐龙蛋的壳都很硬，和鸟蛋如出一辙，形状也从完美的球形到椭圆形不一而足，比如这些窃蛋龙的蛋。大型长颈蜥脚类恐龙的球形蛋都小得不可思议，最多不过葡萄柚大小。

窃蛋龙的蛋

软组织

通常只有坚硬的身体组织才能形成化石，这是因为软组织在变成化石之前就被其他动物吞食或彻底腐烂。不过，部分化石点的形成条件很特殊，比如不透气的湖床，里面没有氧气供给食腐动物和能引起腐烂的微生物。此类地区留下的化石妙不可言，它们保留着皮肤、羽毛和肌肉的轮廓。

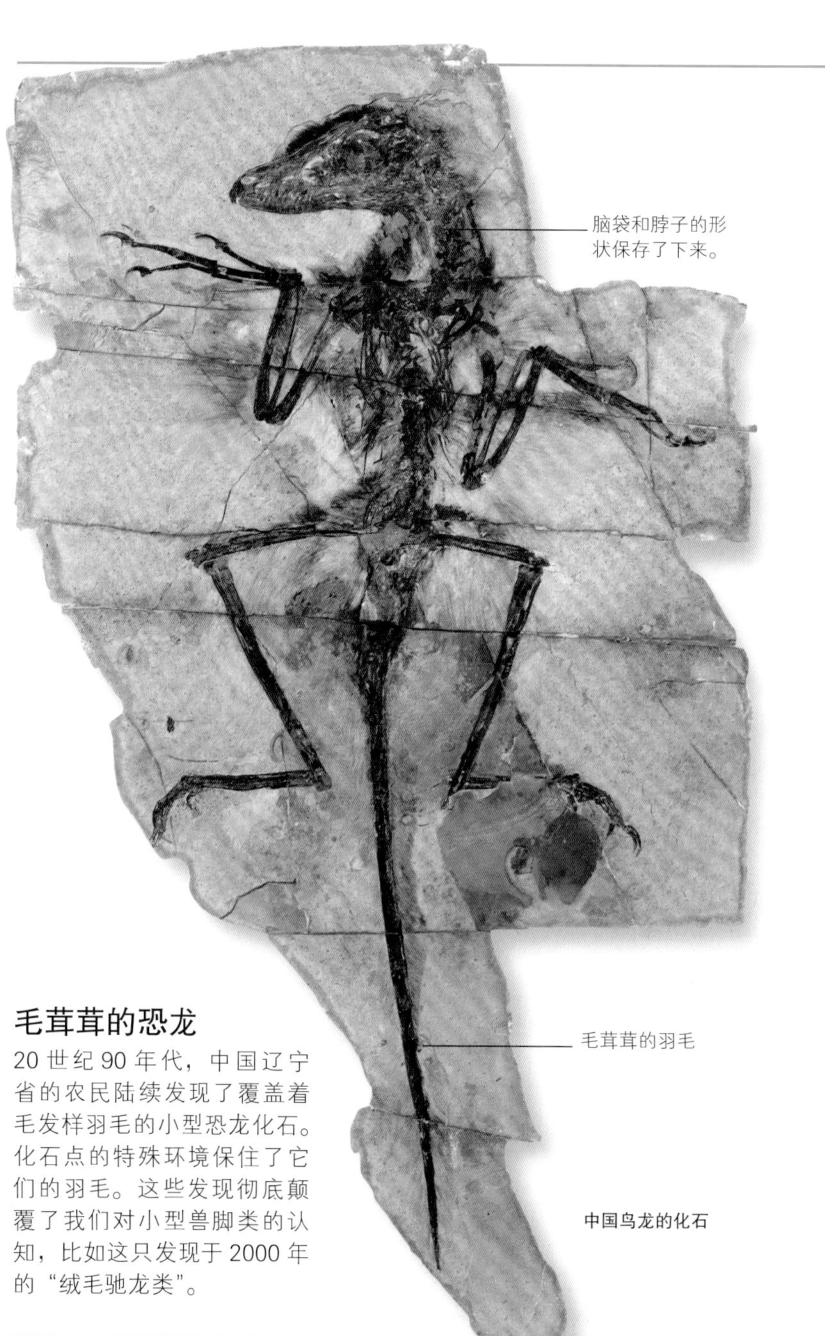

中国鸟龙的化石

毛茸茸的恐龙

20 世纪 90 年代，中国辽宁省的农民陆续发现了覆盖着毛发样羽毛的小型恐龙化石。化石点的特殊环境保住了它们的羽毛。这些发现彻底颠覆了我们对小型兽脚类的认知，比如这只发现于 2000 年的“绒毛驰龙类”。

有鳞的皮肤

部分化石保存着恐龙皮肤的印痕，甚至真正的皮肤残骸。这表明了很多恐龙都有鳞片，这也正是爬行动物应该具备的特征。鳞片形成了光滑坚韧的保护层，排列方式类似地砖，而不像很多鱼的鳞片那样相互重叠。

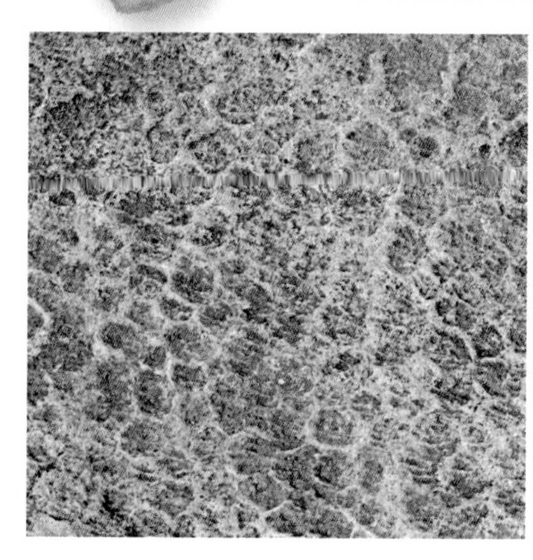

埃德蒙顿龙的皮肤

这种保存极好的埃德蒙顿龙化石中有一些有皮肤，表明这种恐龙有鳞片。

发掘和复原

很多化石的发现都纯属偶然，或者发现者是业余的化石猎人，但发掘工作必须由那些有能力完整取出化石的专家来做。这些专家也能辨认出化石不太明显的特征，如可能和骨骼一起在岩石中成为化石的羽毛、皮肤和食物残骸痕迹。发掘出的化石必须妥善清理储存，以免破碎。研究者还会对它们做科学描述和鉴定。保存最好的化石通常被制成模型在博物馆里展示。

取出化石

虽然是石头，但骨骼化石十分脆弱，发掘时要多加小心。不过，科学家们首先必须将它们的精确位置记录下来。他们还得检查周围所有的岩石，以寻找软组织痕迹等其他线索，此类线索可能会在取出化石的过程中遭到破坏。这些工作都完成之后就可以开始凿掉包裹化石的岩石了。非常小的化石或许可以整个取出，但是大的化石需要在取出之前用石膏包裹局部来加固。

1 开始发掘
发现化石之后，发掘队会小心地清理所有松散的岩石和泥土，让化石暴露出来。他们要仔细检查有无化石碎片和那些能够一窥恐龙生前环境的证据。

鉴定

发现新品种的化石时必须对其仔细描述，并附上这种详细的科学图解或照片。这幅图由法国古生物学家乔治·居维叶绘制于19世纪早期。恐龙通常由描述其化石的科学家命名。如果化石遭到了破坏，那就需要用特殊的胶水和其他材料修复和加固。有时候化石会缺少一些碎片，这时就需要用新材料来替代丢失的部分。发现前所未见的新化石之后需要依据类似的动物复原它们。

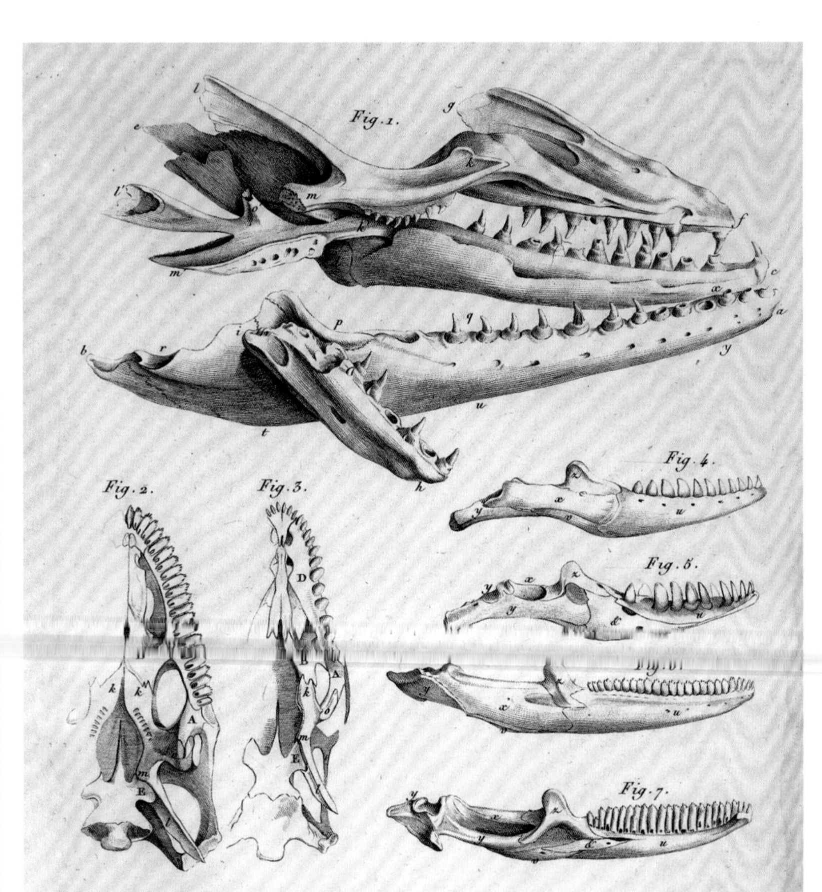

居维叶为霍夫曼沧龙化石做的图解，霍夫曼沧龙是一种海生爬行动物

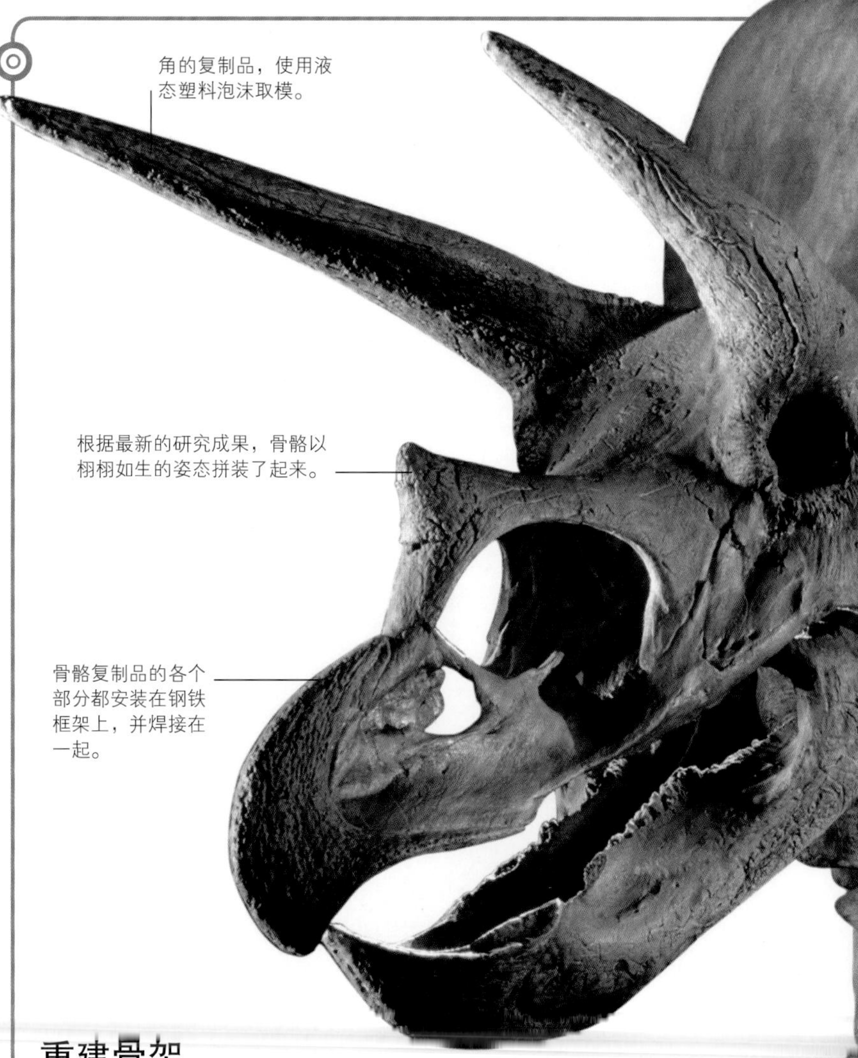

重建骨架

骨骼化石又沉重又脆弱，科研价值极高，因此大部分在博物馆里展出的骨架都是轻巧的复制品，由钢铁框架支撑。复制品展示了良好状态下的骨架，其中丢失的碎片甚至整块不见的骨骼都以替代品补全。从骨骼上的胶水可以看出它们的拼装方式。博物馆里的骨架经常要根据新的研究成果来重新装架。

2 露出化石

化石露出来之后，发掘队就对发掘对象有了直观的了解——尺寸、状态和旁边是否还有其他化石。此时，通常可以辨认出化石的种类。

3 绘制化石点埋藏图

取出化石之前要给化石点拍照并绘制详细的埋藏图。每个可见物体的位置都必须精确地标注在图纸网格上。

4 包裹石膏

挖出巨大而脆弱的化石之前必须用石膏将它们包裹起来，以免碎裂。用树脂外套保护化石，然后包布，最后包裹石膏。

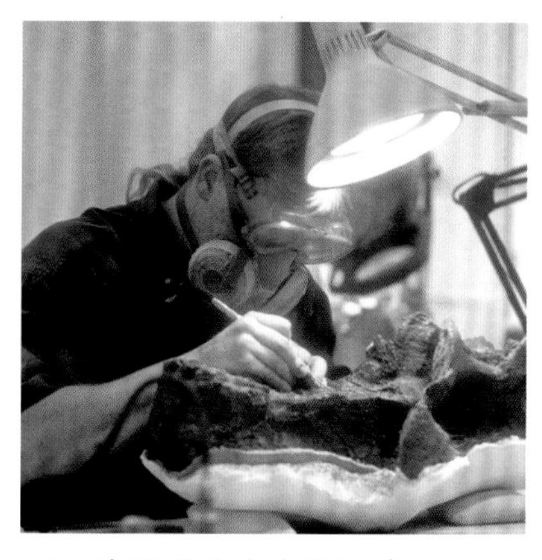

5 在实验室中去除石膏

石膏硬化之后，科学家们就可以挖出化石并将它们带回实验室。此后需要切掉石膏并处理化石，也就是用精细的工具去掉周围的岩石。

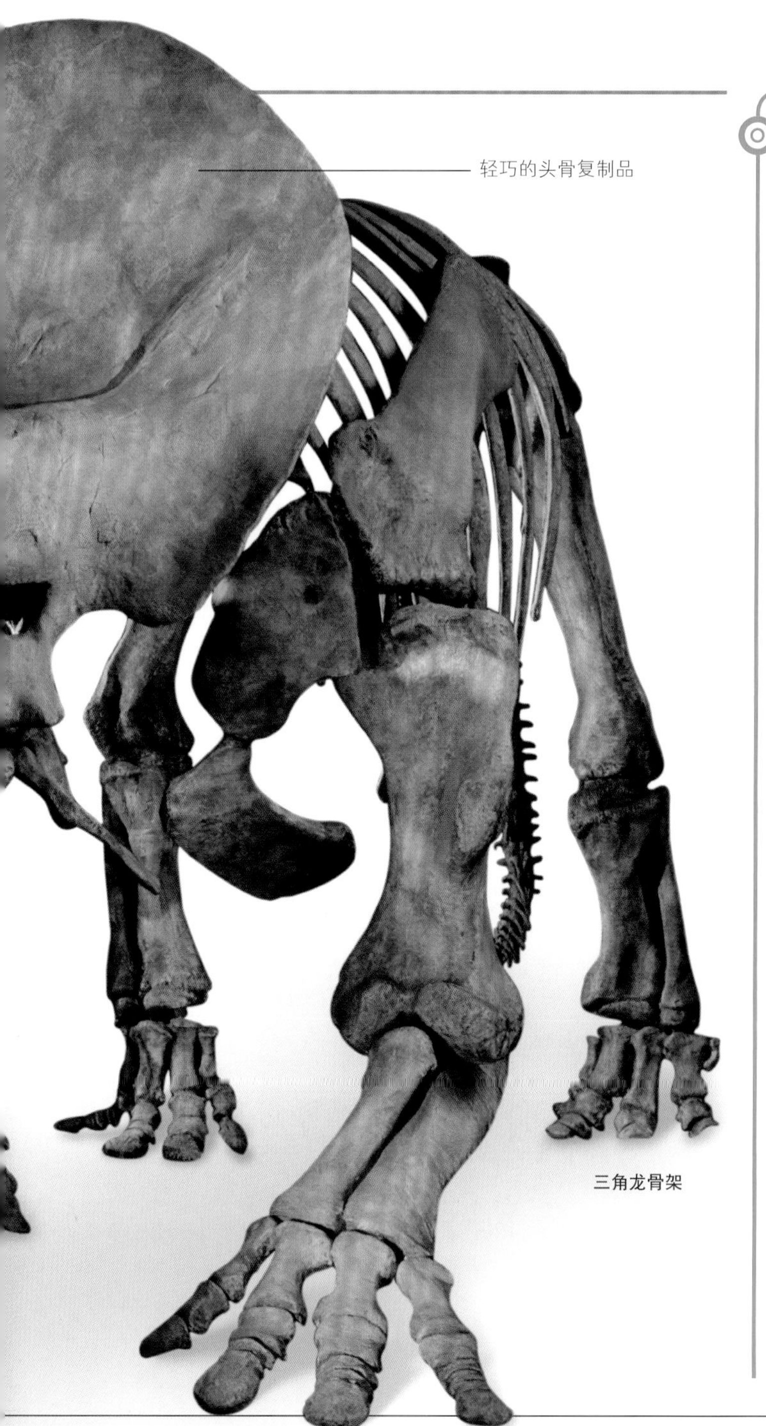

轻巧的头骨复制品

三角龙骨架

活恐龙

化石骨架令人惊叹，但我们想知道它们活生生的样子。这个问题可能永远找不到确切答案，但是对骨骼的深入研究结合解剖学知识仍可打造出活生生的恐龙形象。对它们的样貌有了概念之后，画师就能利用电脑软件来制作可以从各个角度观看的3D 图像。这些图像甚至还能摆出多种姿势。

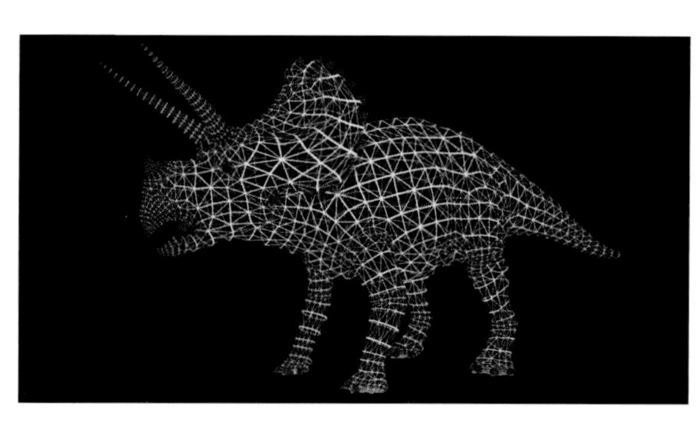

1 建造框架

电脑建模器可以利用精确的恐龙骨架绘图生成网格图，这也被称为框架，它是建模的基础。最初的网格非常粗糙，电脑会将它分割成很多小得多的单元，让建模器能够重塑形状。

2 添加纹理和外部特征

建模器可以慢慢完成所有细节，比如皮肤的鳞片、褶皱以及眼睛和嘴部的精确形状。这些工作都基于最新的古生物学研究成果，将全新的发现展现出来。

3 上色和最后的姿势

通过特殊的数字技术，皮肤可以在平铺状态下处理，以确保颜色和纹理恰当。电脑将皮肤包裹到动物身上，再调整动作。为了让模型更加真实，电脑还会添加光影效果。

现代恐龙研究

过去的恐龙科学以骨骼化石和牙齿化石的外观以及它们可能的组合方式为基础，现在我们可以应用显微镜、扫描技术、放射性定年法等技术来更深入地探究化石。科学家们也可以应用别的技术来检验他们对恐龙提出的理论是否正确。例如，有人用电脑制作出了恐龙骨骼和肌肉的动画模型，以便研究恐龙的行动方式。

动物研究

科学家们研究已灭绝恐龙的方法之一是将它们和现生动物做比较。中生代和现在天差地别，但动物都需要觅食和躲避天敌，为繁衍后代争夺配偶。所以，现生动物的特征和行为也能为研究恐龙的生活方式提供线索。

行为

动物的行为通常不可预测。这对雄鹿的大角看似武器，但实际上只用于仪式性战斗和彰显地位。很多恐龙绚丽的头冠和角的作用或许也是如此。

颜色

恐龙在颜色方面几乎没有留下任何可靠的证据，但我们可以根据现生动物的颜色推测。这只变色龙像棘龙一样具有背帆，它的背帆在发情期会变成潮红色。因此，棘龙的背帆可能也会发生同样的变化。

追溯化石年代

直到 20 世纪，科学家们才真正认识到化石的年龄。在此之前，他们虽然可以辨别出哪些化石的历史更悠久，但不能以百万年为单位定义化石的绝对年龄。现代技术解决了这个问题，而且得出的结论越来越精确。

年龄几何？
有的化石很容易认个大概，但难以确定形成年代。这是一块蕨叶化石，它有多大年龄了呢？科学家们可以用两种办法来测定它的年龄，一种是地层学方法，另一种是放射性定年法。

地层学

化石保存在曾经是淤泥或沙砾等柔软沉积物的岩石中。它们层层相叠，组成了岩石地层。一般来说，较晚形成的岩层覆盖在较早的岩层之上，因此可以为每个岩层中的化石确定相对年龄。但是，这种方法不能测定它们的确切年龄。

美国亚利桑那州化石森林公园中的岩层

放射性定年法

部分岩石含有会随时间推移而变成其他元素的放射性元素。比如，新形成的火山岩中含有铀，铀会慢慢变成铅。这种转变具有恒定的速率，因此测定岩石中铀和铅的比例即可算出岩石形成的时间。本法和地层学方法结合使用即可得到化石的年龄。

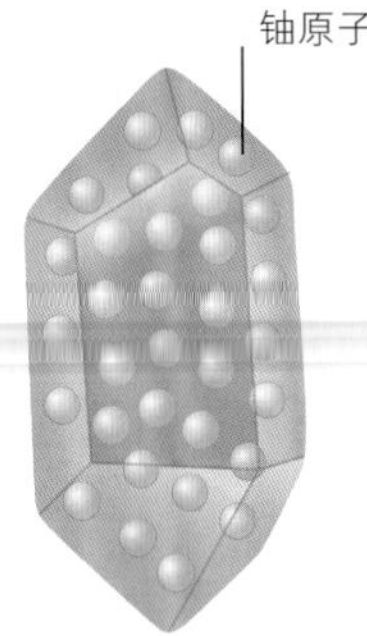

新的岩石
火山熔岩冷却下来成为含有放射性铀原子的水晶。

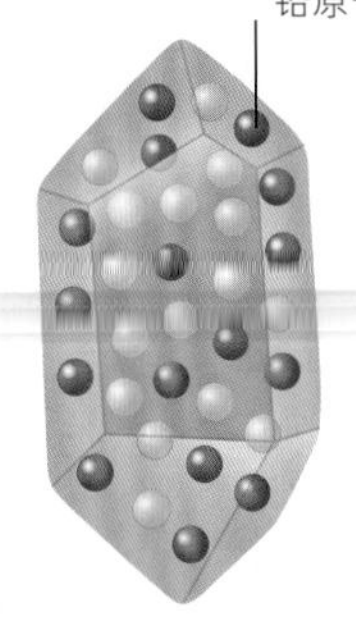

7亿年
7 亿年后，一半的铀原子衰变成了铅原子。

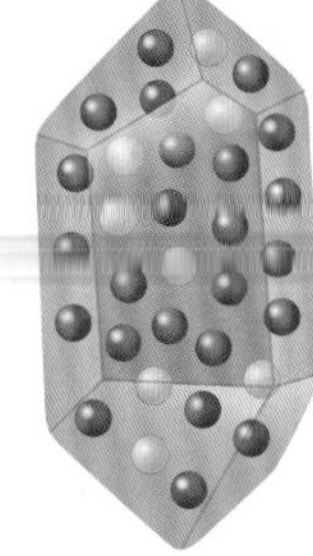

14亿年
再过 7 亿年，剩下的铀原子又有一半变成了铅原子。

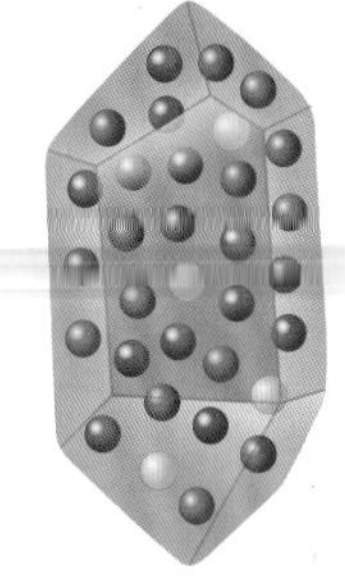

21亿年
21 亿年后，铅原子和铀原子的比例为 7:1。

现代发现

直到最近，所有关于恐龙的知识都还是通过牙齿和骨骼化石推测而来。最新发现的化石保存着皮肤和羽毛之类的结构，这一发现彻底颠覆了我们对恐龙的认知。科学家们也依靠新的分析技术取得了惊人的突破。

一些科学家制作了机械恐龙来验证他们有关暴龙的力量和行动，甚至强大咬力的推论是否正确。

化石羽毛

这些中生代恐龙的绒羽在树脂琥珀中封印了 1 亿年。科学家使用高能 X 射线扫描和 3D 建模研究了它们的形态。

软组织的惊人发现

暴龙的历史已有 6800 万年之久。2004 年，一位科学家将君王暴龙的骨骼化石放入酸性溶液，以便溶解坚硬的矿物质。她得到了这种有弹性的棕色物质，也就是君王暴龙柔软的蛋白质组织。这让我们对恐龙的组织有了更深入的了解。

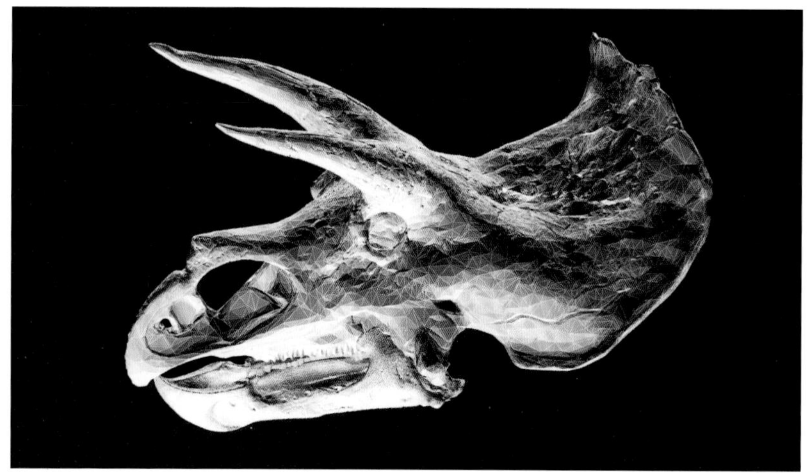

化石扫描

大部分化石都十分脆弱宝贵，不能在研究中频繁摆弄。因此，科学家们使用精密的医学扫描仪器来描绘它们的结构，以便在不损伤化石的情况下构建出不可思议的电脑模型，比如这个三角龙头骨。

微化石

现在我们可以使用前所未有的精细手段来研究化石。正如这位科学家所见，显微结构和变成化石的活组织细胞都能呈现在我们眼前。我们还可以对已灭绝的单细胞生物的化石进行研究。

电脑建模

科学家可以使用来自化石的数据制作恐龙骨骼和肌肉的电脑模型，并用动画形式研究骨骼和肌肉的活动方式。模型不一定非常真实，但能为这些巨型恐龙的活动机制提供宝贵的线索，其他研究方法都达不到这种效果。

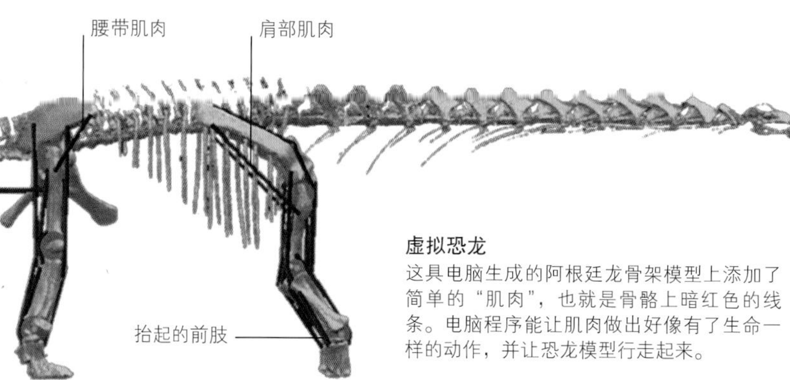

虚拟恐龙

这具电脑生成的阿根廷龙骨架模型上添加了简单的“肌肉”，也就是骨骼上暗红色的线条。电脑程序能让肌肉做出好像有了生命一样的动作，并让恐龙模型行走起来。

恐龙生物学

中生代的恐龙属于主龙类，这类动物也包括鳄类和鸟类。我们曾经认为恐龙和鳄类一样是长着鳞片的冷血怪兽，动作十分迟缓。但是随着时间的推移，科学家们改变了最初的看法。现在很多人都认为恐龙非常活跃敏捷，通常身覆羽毛，与鸟类更加相似。

骨骼和肌肉

巨大的恐龙需要巨大的骨骼来组成骨架，有的恐龙骨骼也的确硕大无朋。骨骼里含有用于减轻重量但又不会削弱强度的气腔。这些骨骼肯定十分结实，因为化石上的肌肉附着点表明它们必须承受强壮肌肉的压力。

四肢着地

植食性恐龙的消化系统比肉食性恐龙大得多，也重得多，这是因为消化植物耗费的时间更长。很多此类恐龙都用四肢着地来支撑额外的重量。四足恐龙演化出了粗壮的四肢骨和肩骨，上面附着有大块的肌肉。虽然禽龙等大型四足恐龙非常健壮，但不如两足恐龙灵活。

直立行走

所有肉食性兽脚类和很多植食性恐龙都是两足动物。它们的体重都压在巨大的后肢骨骼和骨盆上。食肉牛龙等大型掠食者的腿部也有非常强壮的肌肉。

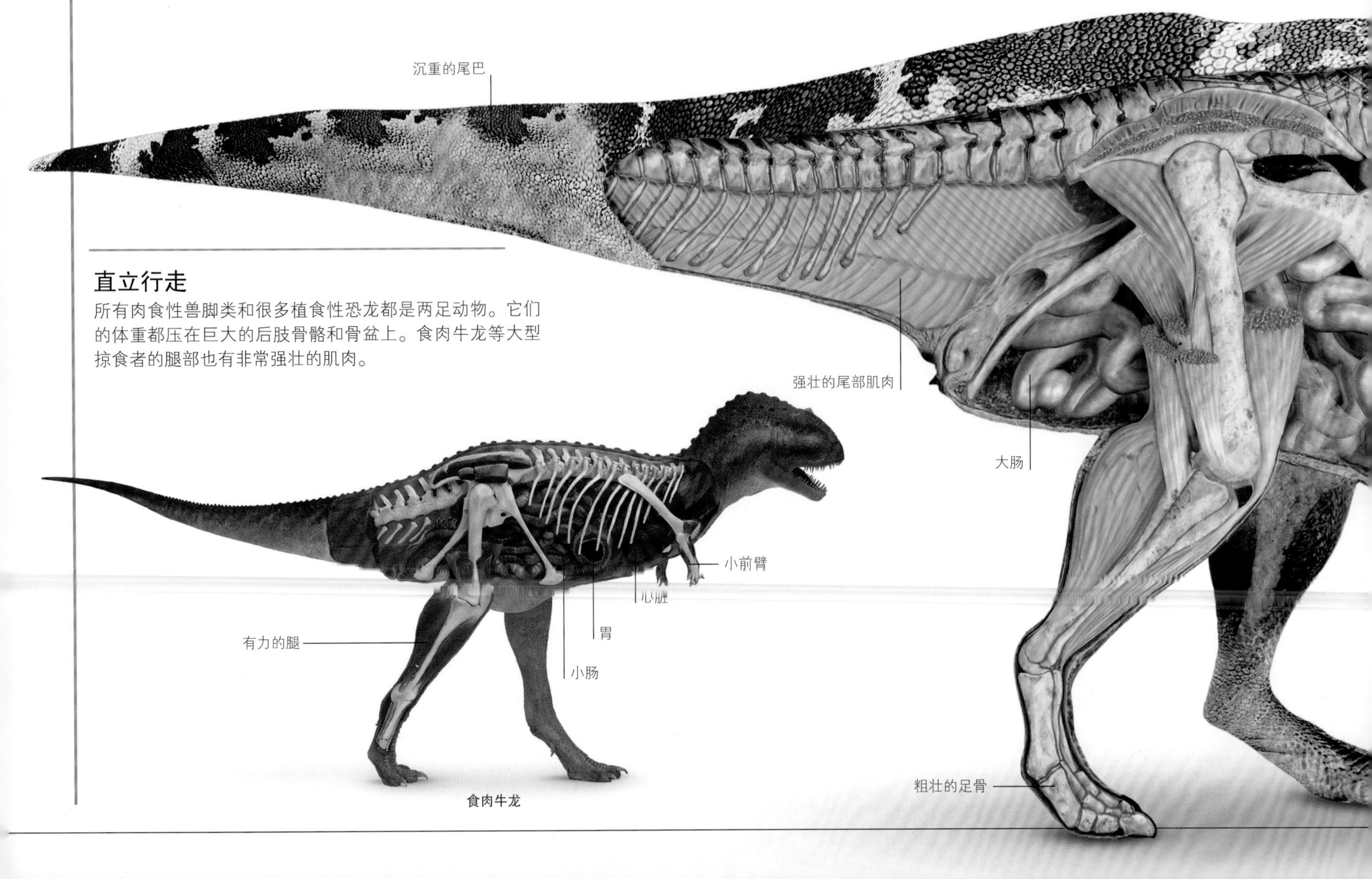

食肉牛龙

又高又强

在恐龙发现之初，大家都以为它们的行走方式类似蜥蜴，即四肢朝外伸展。虽然骨骼化石很快就证明了恐龙依靠身体下侧的四肢行走，但人们在复原化石骨架时依然把尾部做成了拖在地上的姿态。不过，现在我们已经了解到即使是巨大的恐龙也有更灵活的站姿。

旧观点

在旧复原图和模型中，君王暴龙等很多大型掠食者都像袋鼠一样用尾巴支地。这种“三脚架”式的站姿现在已经不太可能正确了。

拖地的尾巴

新视角

人们研究恐龙的活动方式后发现，君王暴龙等两足恐龙应该采用符合动力学的运动站姿。它们会低垂脑袋，高抬尾部。

绒羽

皮肤印痕告诉我们，大部分最巨大的恐龙都有长着鳞片的爬行动物类皮肤。不过，最近发现的小型兽脚类化石表明很多恐龙长有羽毛。此类羽毛大多呈非常简单的毛发状结构，可能和皮毛一样发挥着保暖功能。这说明此类恐龙至少会利用食物中的能量给身体保暖，并演化出了保温的羽毛来保存热量，节省能量。

硬质羽片

现生鸟类的飞羽具有相互锁合的羽支，它们结合在一起形成了扑打空气的羽片。部分已经灭绝的不能飞行的恐龙也有这种羽毛，但主要是为了保暖、炫耀或保护巢中的幼龙。

奔跑

恐龙的足迹化石表明，有些恐龙的行动速度极快。虽然这个观点无法得到证实，但较小的两足恐龙可能拥有与人类短跑选手相同的速度，而较大较重的恐龙会在发起攻击时快速移动，比如君王暴龙。不过，这些恐龙的具体速度仍有很大争议。

可能的奔跑速度

- 剑龙 6千米 / 时
- 包头龙 8千米 / 时
- 梁龙 24千米 / 时
- 三角龙 26千米 / 时
- 棘龙 30千米 / 时
- 君王暴龙 32千米 / 时
- 伶盗龙 39千米 / 时
- 人类 40千米 / 时

0 千米/时 | 4 千米/时 | 8 千米/时 | 12 千米/时 | 16 千米/时 | 20 千米/时 | 24 千米/时 | 28 千米/时 | 32 千米/时 | 36 千米/时 | 40 千米/时 | 44 千米/时

小肠

肺

心脏

胃

强壮的前肢

禽龙

庞大的蜥脚类恐龙是最重的植食性恐龙，它们比最重的肉食性恐龙重9倍。

空气动力

恐龙的肺与鸟类相似。这并不奇怪，因为鸟类的肺部结构是从它们的恐龙祖先身上继承的。恐龙具有一个复杂的单向气流系统，效率高于哺乳动物肺部的双向气流系统。不管是呼气还是吸气，它们都能从气流中获得更多氧气，产生更多能量。

- 气囊
- 肺部组织
- 呼气

鸟类

鸟类的肺遍布细小的气管。诸多气球一样的气囊为空气提供了穿过气管的动力。

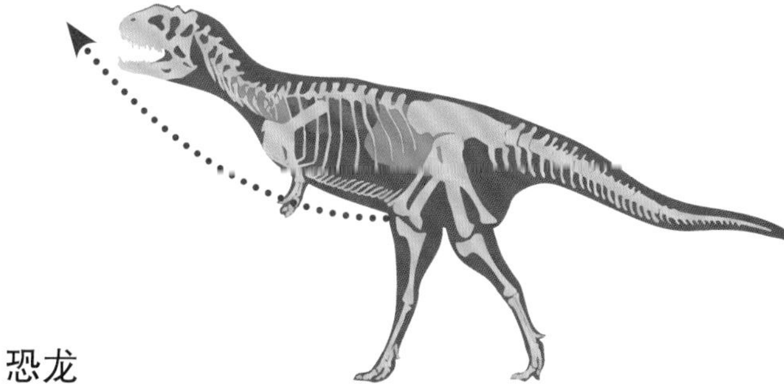

恐龙

化石线索表明中生代恐龙的肺部解剖结构和现生鸟类基本相同，包括气囊在内。我们有理由认为恐龙拥有和鸟类一样的气管和其他呼吸器官。

牙齿和喙

研究恐龙和类似的已灭绝动物时，牙齿起着非常重要的作用。因为当包括骨骼在内的其他部分都消失时，牙齿通常能作为化石保留下来。很多中生代恐龙的嘴都类似鸟类的喙部。它们的牙齿和喙的化石可以提供很多关于食物、觅食和食物处理方式的线索。

恐龙的牙齿始终都在磨损和更换。

梁龙每颗牙齿的寿命只有 35 天。

肉食者

肉容易消化，但不易获得，捕食者甚至要为此涉险。这说明它们即使咀嚼食物也不会太仔细，但它们需要有效的武器和工具来猎杀猎物。大部分掠食者都用牙齿和爪子捕捉猎物，随后用锋利的刀刃状牙齿咬穿外皮，把肉从骨头上撕下来。

进食的工具

不同的猎物或捕猎方式需要配合不同的牙齿。小猎物可以被铲起来直接整个吞掉，所以咬紧猎物是首要任务。较大的猎物需要撕开，因此猎手要有可以咬穿皮肤和筋腱的牙齿，而最大的猎物只有用专门作为武器的牙齿才能对付。

针尖

重爪龙（棘龙的近亲，棘龙见第 102~103 页）等捕鱼者有锋利的尖牙，可以在捕猎时刺穿猎物滑腻的皮肤，以防对方挣脱。很多食鱼翼龙类的针状齿甚至更长。

咬力

大部分肉食性恐龙都需要锋利的牙齿来将猎物切成小块，但是牙齿不一定是它们的主要武器，也并非所有肉食性恐龙都有十分强壮的颌部。对于轻巧敏捷的伶盗龙来说，牙齿和爪子在捕猎时的作用可能不相伯仲。较大的异特龙可能有着更发达的肌肉，但像暴龙这样真正的强者，会依靠咬力来打倒强大的猎物。

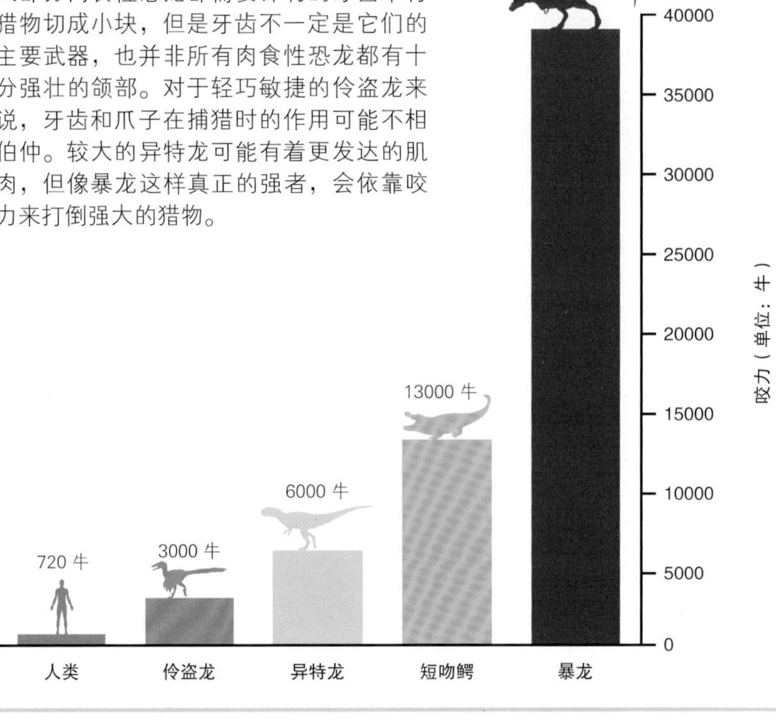

屠刀

异特龙等大部分肉食性兽脚类恐龙的牙齿都犹如弯曲的刀刃，边缘有锋利的锯齿。虽然牙齿尖端也很锋利，但是刀刃一样的边缘才是最重要的武器，掠食者要用它们猛咬猎物的身体。

碎骨者

暴龙巨大粗短的牙齿要比大多数兽脚类恐龙纤细的刀刃状牙齿有力得多。它们可以咬穿骨骼而不折断，可以制造出巨大的致命伤口。

植食者

可食用的植物不难寻找，也不需要捕捉、杀戮或撕裂。但是，植物可能很坚韧并具有木质结构，难以消化。彻底咀嚼有助于消化，因此许多植食性恐龙都有仅用于采集食物的牙齿和喙部，进而有一小部分恐龙演化出了动物中最适合咀嚼的牙齿。

边缘锋利的喙部

很多植食性恐龙都有用来采集食物的喙部，包括剑龙类、鸟脚类和角龙类等所有鸟臀类恐龙。与鸟类一样，它们的喙部由坚韧的角质构成，具有可以切断植物茎干的锋利边缘。

禽龙
这种巨大的鸟脚类恐龙具有全能喙部，可以从地上和树上采集多种食物。

戟龙
与其他角龙类一样，戟龙具有类似鹦鹉的窄弯钩喙部，可以用来选择最具营养的食物。

埃德蒙顿龙
这种大型鸭嘴龙的宽大喙部十分适合在短时间内采食大量植物。

盔龙
虽然和埃德蒙顿龙有亲缘关系，但这种鸭嘴龙类恐龙的喙部比较窄，它的主人在饮食方面会更加挑剔。

收割者和啃咬者

长脖子的蜥脚类及其亲属没有喙部。它们用颌部前方的牙齿采集树叶。这些牙齿可以从小树枝上撕下树叶或啃咬叶茎。很多有喙部的恐龙没有咀嚼齿，但有简单的叶状颊齿来协助咀嚼。

铅笔状牙齿
梁龙及其近亲有状似一排排磨损的铅笔的门牙。它们用这种牙齿从小树枝和蕨类植物上捋下树叶。

勺状齿
很多蜥脚类恐龙都有略似勺子的牙齿，它们十分适合咬下满满一口树叶。

叶状颊齿
这是植食者中最常见的简单咀嚼齿。凹凸不平的边缘有助于切碎树叶。

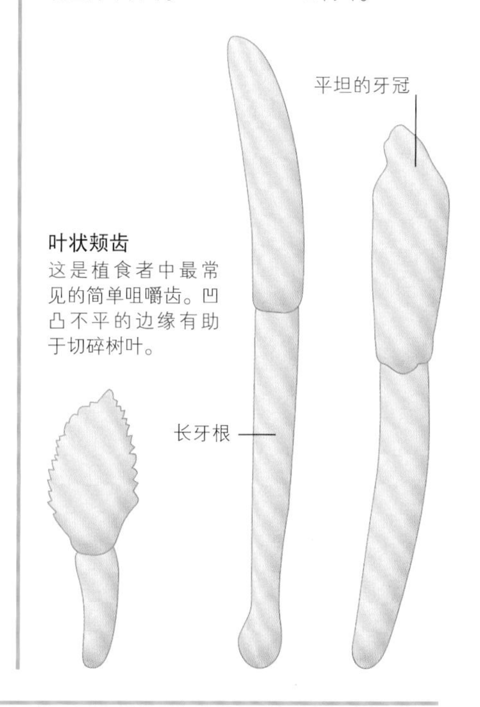

研磨和切割

为了将食物磨成易于消化的浆液，鸭嘴龙类和角龙类演化出了极为高效的牙齿。它们嘴里的数百颗牙齿同时工作，而且新牙不断替换磨损的旧牙。鸭嘴龙类的牙齿组成了宽大的研磨面，角龙类的牙齿则更擅长精细的切碎动作。

鸭嘴龙类的齿列

来者不拒

有些恐龙的食物多种多样，它们会选择最有营养且最易消化的食物，比如多汁的根茎、嫩枝、水果，甚至昆虫、蜥蜴和小型哺乳动物之类的动物。在这些杂食性恐龙中，有的长着像鸟嘴一样没有牙齿的喙部，其他成员的嘴里长着多种牙齿，以便对付各种不同的食物，这种特征和人类一致。这类恐龙有很多，其中最著名的是畸齿龙。

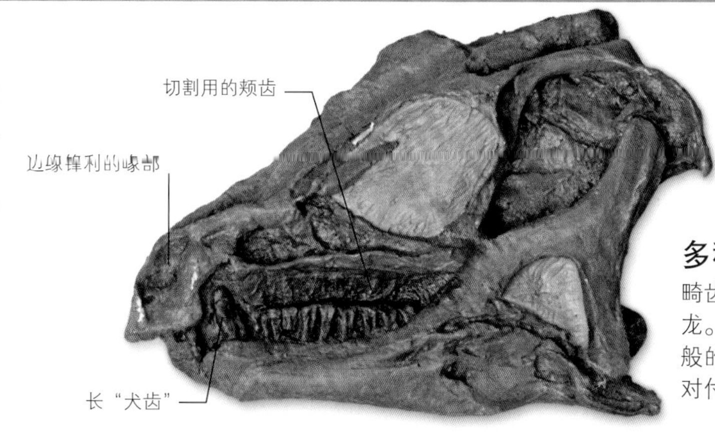

多种牙齿

畸齿龙是一种早期的小型鸟臀类恐龙。它们有短短的上颌门牙、刀刃般的颊齿、极长的“犬齿”和喙部，对付各种食物都不在话下。

智力和感觉

众所周知，恐龙的脑部跟庞大的身体相比显得极小，由此我们认为它们的智力有限。虽然很多大型植食性恐龙的确如此，但有些掠食者的脑部大于大部分现生爬行动物。这说明至少这些恐龙比我们想象得更聪明。从脑部的解剖结构来看，很多恐龙都具有远比人类敏锐的感觉。

恐龙的脑部

我们可以通过研究颅腔的大小和形状来估计恐龙脑部的大小。使用这个办法的前提是假设恐龙的脑部和现生鸟类一样填满了颅腔，而实际上，部分爬行动物的脑部并非如此。我们尚不确定该使用哪种模型，但有一件事可以肯定：有些恐龙的脑部确实非常小。

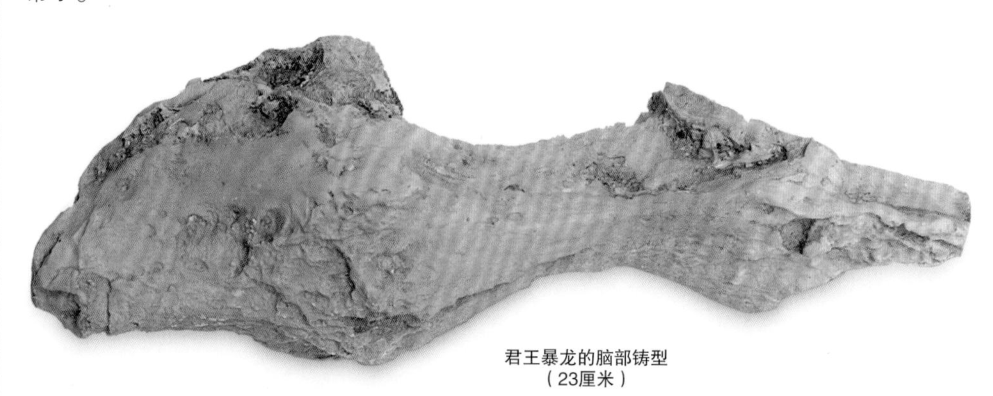

君王暴龙的脑部铸型
（23厘米）

脑部铸型

恐龙头骨的颅腔可能会被淤泥填满，淤泥硬化后会形成与脑部形状一致的化石铸型。这个君王暴龙脑部铸型的形状和人脑相差甚远，但与鸟类的脑部类似。

脑部功能

虽然动物的脑部尺寸可以让我们大致推测出它们的智力，但脑部形状也非常重要。因为脑部的不同部分具有不同的功能，比如思考、身体控制或处理感官数据。

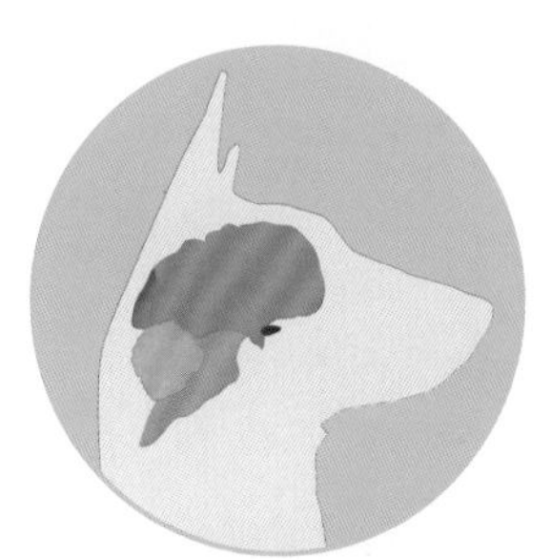

人脑

人脑中用于思考的部分（大脑）很大，因此人类智力很高。用于视物的视神经叶也较大，因为人类对视力的依赖性很强。

狗脑

与脑部其他部分相比，狗的大脑较小，而用于处理神经信号和控制动作的脑干和小脑较大。

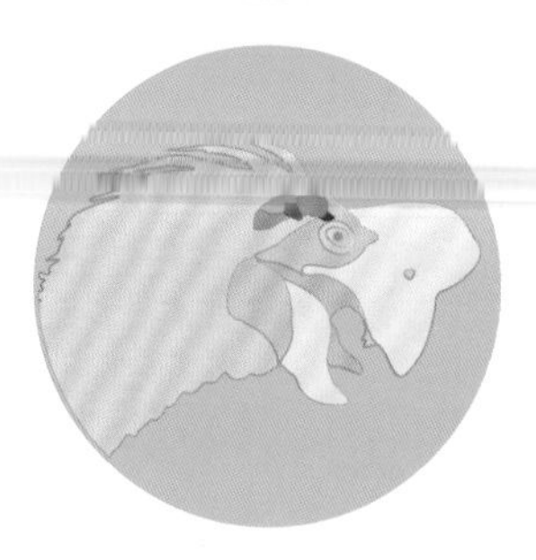

[illegible]龙脑

虽然[illegible]龙的脑部和头部相比起来较小，但是它们具有较大的视神经叶和嗅叶（处理气味信息）。不管如何，大脑较小表明这种恐龙不太聪明。

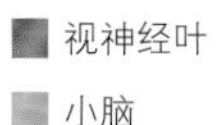

视神经叶　嗅叶　大脑
小脑　脑干

听力

对恐龙颅腔做医学扫描后发现它们具有内耳骨。扫描结构表明，这些骨骼酷似现生动物的内耳骨，这说明恐龙的听力可能也和现生动物差不多。实际上，有些恐龙似乎可以发出巨大的呼唤声，可见它们必然要具有不错的听力才能听到呼唤并做出回答。

呼唤和回答

盔龙等部分鸭嘴龙类有中空的头冠，可能会让呼唤声更响亮，以免在密林中走散。

恐龙对比

科学家用 EQ 指数（脑量商）这一指标对比了已灭绝的恐龙和鳄类等现生动物的智力。结果表明，长脖子蜥脚类恐龙的智力可能远逊于鳄类，而部分兽脚类掠食者则比鳄类聪明得多。

虽然有些恐龙不像我们以前想象中那么愚笨，但很明显，即使是最聪明的恐龙也没能在智力上超越小鸡。

- **蜥脚类** 这些恐龙的脑部跟身体比起来十分渺小，可见这些恐龙的智力较低。
- **剑龙类** 剑龙类中的肯氏龙有一个比李子还小的脑部，这也是它们出名的原因之一。
- **角龙类** 三角龙等角龙类恐龙的智力可能和鳄类相仿。
- **鳄类** 鳄类可能比你想得要聪明。这些掠食者的感觉十分敏锐，记忆力也相当不错。
- **肉食龙类** 暴龙等大型掠食者必须脑子灵活才能智取猎物。
- **伤齿龙类** 最聪明的恐龙是小型兽脚类恐龙，比如伤齿龙和伶盗龙。

视力

很多恐龙都有大大的眼眶，这说明它们长着发达的大眼睛，眼睛通常和脑部巨大的视神经叶相连。毋庸置疑，暴龙等部分恐龙拥有可能不亚于鹰隼的傲人视力。这些猎手要用犀利的目光来寻找并锁定猎物，而它们的猎物也需要大眼睛来发现险情。

雷利诺龙

大眼睛 大眼睛有巨大的视神经叶做后盾。

暗中视物

雷利诺龙是早白垩世的小型植食性恐龙，也是最有趣的恐龙之一。它们生活在极为接近南极的澳大利亚大陆，每年冬季都要忍受3个月没有阳光的日子。可能是为了适应昏暗的冬季，雷利诺龙的眼睛大得非同寻常。良好的视力有助于觅食和躲避天敌。

视野

几乎所有植食者的眼睛都长在脑袋两侧较高处。这种眼睛具有良好的全方位视野，可以留意种种危险的来临。而掠食者的眼睛通常朝向前方，具有重叠的视野。这让它们有了深度视觉，即双眼视觉，能在发起攻击时判断距离。

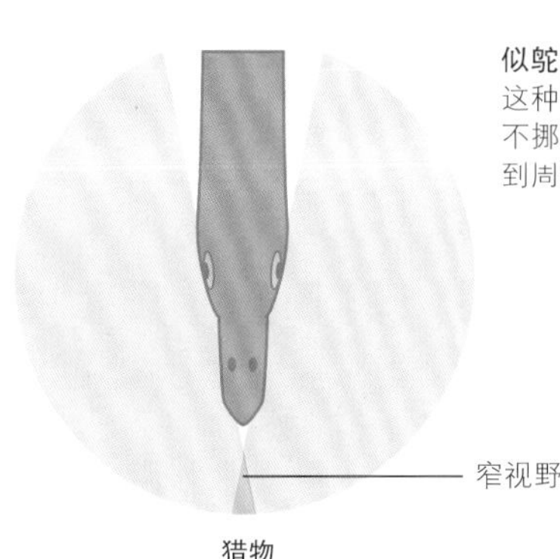

似鸵龙的视野 这种植食性恐龙可以在不挪动脑袋的情况下看到周遭情况。

猎物

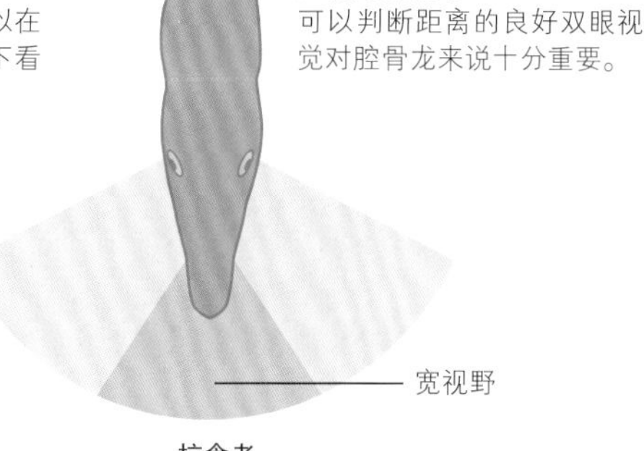

腔骨龙的视野 可以判断距离的良好双眼视觉对腔骨龙来说十分重要。

掠食者

气味

暴龙的脑部有巨大的嗅叶，用于分析气味。这说明它们的嗅觉十分敏锐。其他腐食者和掠食者可能也拥有同样敏锐的嗅觉，以便捕捉猎物和血的气味，血腥味可能意味着唾手可得的食物。植食者不需要如此敏锐的嗅觉，但嗅觉能够帮助它们发现危险。

暴龙

群体生活

从足迹化石来看，有些恐龙会紧密团结在一起。化石猎人还发现了有着大量同种恐龙骨骼化石的大型“骨床”，这些恐龙似乎在同一时间死于同一场灾难。这些化石说明了此类恐龙可能过着群体生活。我们知道至少有些恐龙会建造极为宽广的筑巢地，一大群恐龙可能全年都生活在一起，这种族群有时相当庞大。

有些现生鸟类聚集在一起繁殖后代，繁殖季节过后又各奔东西。**恐龙可能也有同样的习性。**

通力合作

有些掠食者可能也会群体捕猎，但它们还没机灵到能像狼一样采用聪明的捕猎策略。但是，多几个帮手有助于拿下独自行动时没法对付的较大猎物。

痛下杀手

某个化石点中保存了多具恐爪龙（轻盈的掠食者）和腱龙（大型植食性恐龙）的化石。掠食者们可能属于共同捕猎的一个家族。

饥饿的族群

很多大型植食性动物都会集体行动，它们在不断游荡中吃掉所有能吃的食物。有些大型植食性恐龙似乎也有这种习性。多个成员共同留意危险，这样大家都更安全，而且树叶之类的食物很容易寻找，同一个群体里的成员不需要为此竞争。

楯甲龙群

化石证据

有充分的证据表明，有些恐龙过着群居生活。人们在数个化石点都发现了很多聚集在一起的动物遗骸化石，而且几乎可以肯定这些恐龙是同时死亡的。其他化石点保存的恐龙足迹表明，有很多恐龙在同一时间向同一个方向行动，这可能是在寻找新鲜食物或水源的恐龙群。

恐龙墓地

加拿大艾伯塔省恐龙公园的骨床里发现了数以千计的尖角龙骨骼化石。这一大群角龙类似乎在过河的时候遭遇洪水突发，横扫下游的洪水让它们统统溺亡。

足迹

行走于古代湖岸的大型蜥脚类恐龙在美国科罗拉多州留下了多组平行足迹化石。这些印记都形成于同一时间，而且朝同一方向，有力地证明了这些恐龙在群体行动。

筑巢地和恐龙夫妇

数百个相距不远的恐龙巢证明很多恐龙为了安全会群聚在一起繁殖，这类似于现生海鸟的筑巢地。还有一些恐龙会独自筑巢，筑巢工作可能是由夫妇共同完成的。它们会把巢建在靠近自己领地中央的地方。

美国蒙大拿州的慈母龙筑巢地里保存着至少 200 头成年恐龙和幼龙的遗骸化石，这些恐龙曾经一同生活在拥挤的聚居地里。

筑巢地

现在已经发现了多个恐龙筑巢地。有些筑巢地规模庞大，可能常年使用，类似于许多现生海鸟的筑巢地，其中最著名的一个是于 20 世纪 70 年代中期在美国蒙大拿州发现的鸭嘴龙类慈母龙筑巢地。这个化石点保存着数以百计的恐龙巢，相互间隔约 7 米，短于成年恐龙的身长。很明显，慈母龙具有组织严密的社会系统。

夫妻领地

与具有社会关系的植食性慈母龙不同，伤齿龙等很多肉食性兽脚类可能会划定个人领地，以免其他竞争者来抢夺稀少的猎物。同生活在现代林地里的老鹰夫妇一样，一对伤齿龙夫妇可能共有一片领地，并在远离同类的地方筑巢，养育后代。为了保障食物供给，有些植食性恐龙可能也采用这种生活方式。

猎物的防御

野外生活就是生存之战，肉食性掠食者和猎物之间的争斗尤其如此。掠食者随着时间的推移演化出了更有效的捕猎方式，而猎物的防御手段也有了相应的进步。在中生代，这个过程催生了暴龙等全副武装的巨大掠食者，也让包头龙等被捕猎的动物演化出了厚厚的铠甲和各种防御武器。其他很多恐龙依靠奔跑速度或躲藏来保全性命，或凭借巨大的身体吓退天敌。

身披铠甲

长出厚厚的皮肤是对付利齿掠食者的一种办法。在早侏罗世，有些恐龙演化出了镶嵌在皮肤里的小骨板，这种骨板又逐渐变成了白垩纪中“坦克恐龙”身上更厚的铠甲。包头龙就是其中的一员，它们还有巨大的尾锤。

颈部

颈部是身体最容易受到攻击的地方。包头龙等恐龙演化出了保护着颈部的铠甲，让掠食者望而却步。

包头龙
椭圆形的骨板保护着颈部，上面还有角一样的坚韧突起。

楯甲龙
楯甲龙脖子上的棘突长得不可思议，让掠食者不敢轻易接近。

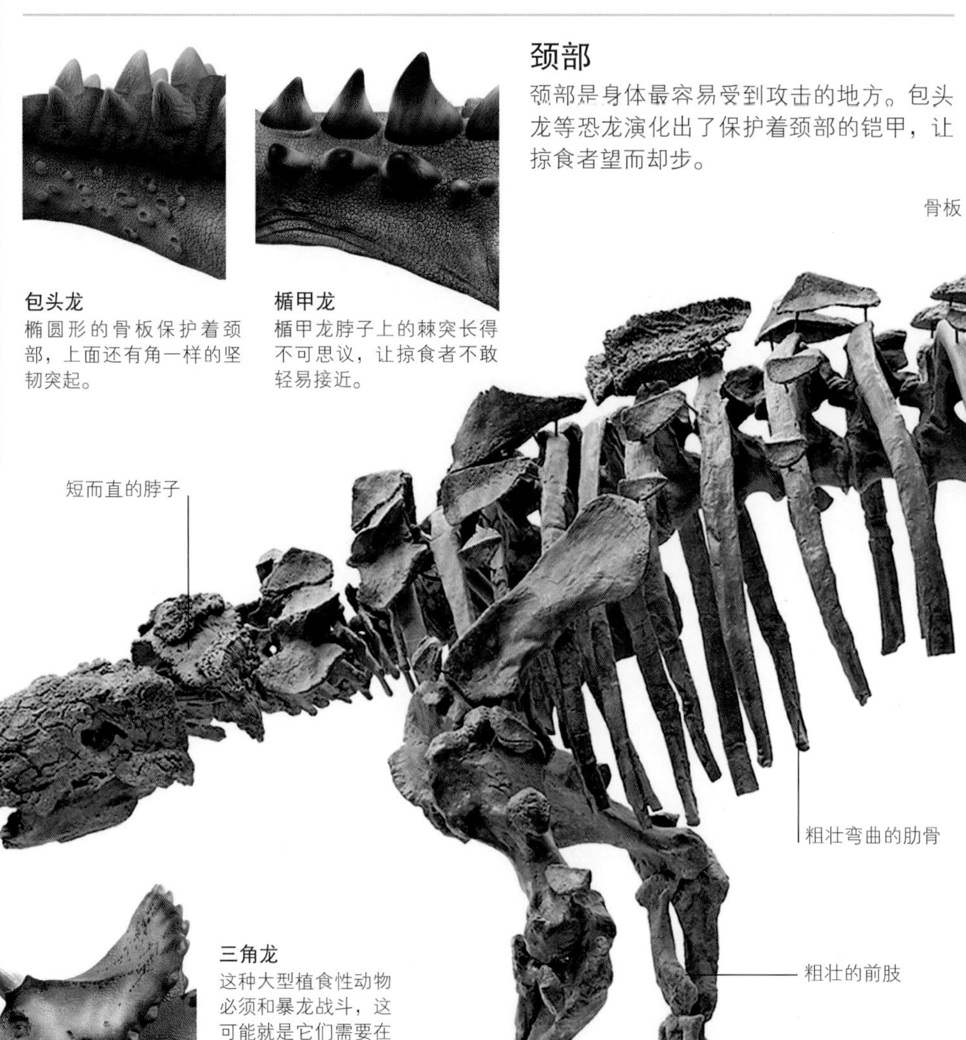

头部

能从头部损伤中恢复的动物很少，披甲恐龙自然会为保护头部演化出有力的防御措施。有的恐龙还长有可能用作防御武器的角。

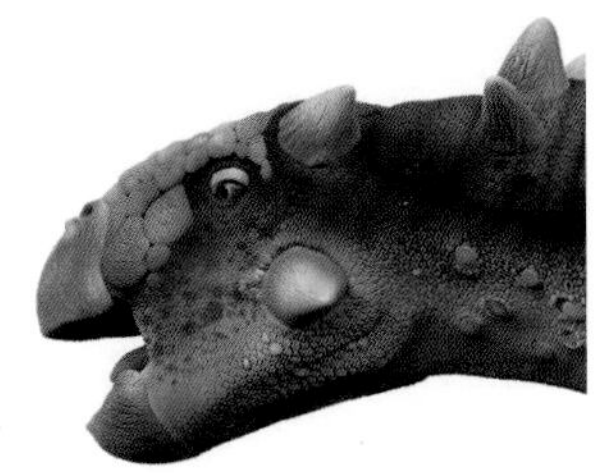

包头龙
覆盖包头龙头部的多层骨板融合成了一道连续的盾牌，足以折断掠食者的牙齿。

楯甲龙
这种多刺结节龙的厚头骨被骨板组成的铠甲包围，为脑部添上了另一道防御。

三角龙
这种大型植食性动物必须和暴龙战斗，这可能就是它们需要在眉骨上长出极长尖角的原因。

避免麻烦

很多被捕食的动物只有在迫不得已的时候才会还击，因为置身麻烦之外要安全得多。恐龙肯定也不例外，只要有可能，它们就会躲藏起来。有些小型植食者可能会藏在地穴里，有些恐龙可能还有不错的伪装能力。很多灵活的小型恐龙都依靠速度逃命；反过来，大型恐龙则让掠食者无从下口。

至关重要的体形

最大型的掠食者在庞大的长脖子蜥脚类面前都要自惭形秽，根本无法与之一战。饥饿的猎手，比如想攻击年幼鹫龙的马普龙（右图中红色恐龙），要冒着被猎物庞大的父母踩扁的风险。

背部

很明显，部分中生代的掠食者喜欢跳到猎物背上发起攻击，因此很多猎物的背部和腰带上逐渐演化出了粗钉状的铠甲。在大多数情况下，这种铠甲由镶嵌在皮肤里的骨钉构成，也有部分恐龙具有带着尖刺或边缘锋利的甲板。

包头龙

这种大型恐龙的背部覆盖着由小骨质结节组成的柔韧铠甲，上面有着大骨板和短钉状尖刺。

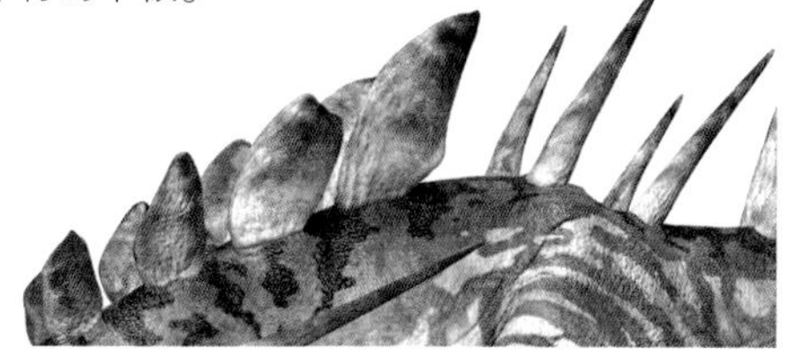

肯氏龙

这种剑龙类成员的后腰上有着长长的尖刺。尖刺可能具有炫耀的功能，同时也让想要进犯的掠食者望而却步。

尾部

植食性恐龙的尾部能有效地驱赶掠食者，长尾的横向一击足以震敌。有些恐龙的尾部尤其强大，有尖刺或刀刃般的骨板，甚至在尖端长有沉重的尾锤。

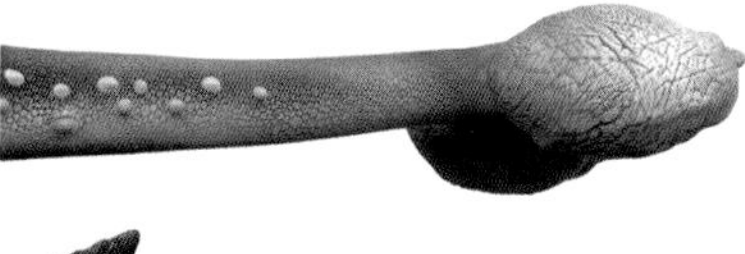

包头龙

这种甲龙的 4 块骨板融合成了一个沉重的尾锤，可以打断掠食者的腿。

剑龙

剑龙的尾部尖端有尖刺，可以在天敌的身体上制造出致命的伤口。

梁龙

这种蜥脚类恐龙极长的尾巴犹如一条长鞭，能将掠食者打翻在地。

尾锤

灵活的尾巴

强壮的后肢

包头龙可能全身都被铠甲包裹得严严实实的，就连眼睑也不例外！

奔逃

橡树龙等轻盈的小型两足恐龙会在遇到危险时选择逃命。很多此类恐龙都比它们的天敌更迅捷，其中有些可能速度极快。较小的披羽恐龙会奔逃到树上，这种行为可能促进了飞行的演化。

橡树龙

保护色

不少小型恐龙很可能具有保护色，以免在掠食者面前太过显眼，尤其是那些依靠视力捕猎的掠食者。棱齿龙可能靠着皮肤上的明暗花纹融入丛林栖息地的斑驳阴影中。

棱齿龙

炫耀

很多现生动物都有精致的角或其他看似防御武器的部分，但这些其实都另有用途。通常只有雄性拥有这些特征，它们将其用作同对手争夺地位、领地和配偶的工具。这种竞争通常只是比拼气势，最出众的雄性才能成为大赢家。不过，它们有时也会展开仪式性的战斗。有些恐龙精致的头冠、棘突和头饰可能也有同样的用途，当然它们或许也有一定的防御作用。

高调

有的恐龙的背部有突出的骨板和棘突，包括长着背板和尖刺的剑龙类和长有高高“背帆”的恐龙，比如无畏龙。直至今日，“帆”的作用我们仍不得而知，人们猜测可能是用于炫耀。

无畏龙
高耸在这种植食性恐龙背部的结构由脊柱的骨质延伸支撑。

彩色头冠
翼龙这种炫目的头冠由轻巧的软组织构成。

夜翼龙有巨大的鹿角样骨质头冠。头冠可长达 90 厘米，是身长的两倍。没有哪种现生动物有如此惊人的构造。

雷神翼龙

艳丽的头冠

很多恐龙醒目的头冠显然没有防御作用，基本上可以肯定它们是用来向同性或潜在配偶炫耀的。有证据表明，雷神翼龙等翼龙的头冠非常艳丽，让它们十分光彩夺目。

有冠恐龙

目前发现的大部分有冠恐龙都是鸭嘴龙类或肉食性兽脚类。它们的头冠可能也和有冠翼龙一样多姿多彩，好让自己脱颖而出。头冠可能同时存在于雌性和雄性之中，也有可能只是雄性的专利。

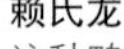

赖氏龙
这种鸭嘴龙类的骨质头冠具有中空结构，可能是为了增大主人的呼唤声。

盔龙
这种鸭嘴龙类的头冠小于赖氏龙，但颜色可能更鲜艳。

冰脊龙
冰脊龙等部分肉食性兽脚类也有头冠，但头冠一般都很小。

羽毛状结构

伶盗龙（见第 108~109 页）等很多小型兽脚类恐龙的尾部和前肢都有长长的羽毛。它们在演化之初可能发挥着保护和保暖的作用，但这不能解释为什么有些羽毛很长。不过羽毛也是理想的炫耀工具，它们颜色艳丽，长度夸张。很多现生鸟类也有这种炫耀用的羽毛，比如孔雀和极乐鸟。

尾羽

侏罗纪的小型兽脚类恐龙耀龙留存着细节清晰的化石，化石明确展示出了尾部长长的带状羽毛。它们可能和雄孔雀的尾巴一样用于炫耀，在求爱和为争夺领地而威吓对手时发挥着作用。

精致的羽毛

现生非洲寿带鸟有着光彩夺目的尾羽，这纯粹是为了炫耀。雄性用它来争夺配偶，而赢得竞赛的永远是尾羽最美的那一只。我们只能推测中生代的恐龙也采用这种竞争方式。不过，雌龙或许也长着精美的羽毛。

棘突和头饰

有的恐龙长着引人注目的长棘突，很多角龙类都有着从后脑勺开始延伸的巨大骨质头饰。它们的结构太过复杂，远超防御所需。棘突和头饰在某些时候可能会用来向配偶和对手炫耀，但也可能是用来吓唬天敌的。

楯甲龙的棘突
结节龙科恐龙的棘突最初是由防御用的铠甲演化出来的，但是楯甲龙极大的颈部棘突肯定还有其他作用——让它们更加出众。

戟龙的头骨
这种角龙有着巨大的颈盾，上面长有长刺。但是，它们的骨质颈盾上有大面积裂隙，降低了强度。这么看来，这种头饰主要是为了炫耀。

可以膨胀的装饰结构

有的恐龙似乎有着主要由肉质软组织构成的头冠。穆塔布拉龙的吻部长有一个支撑可膨胀鼻囊的骨质结构。颜色鲜艳的鼻囊可能会让它们的鸣叫声更加响亮，其作用如同青蛙可以膨胀的气囊。

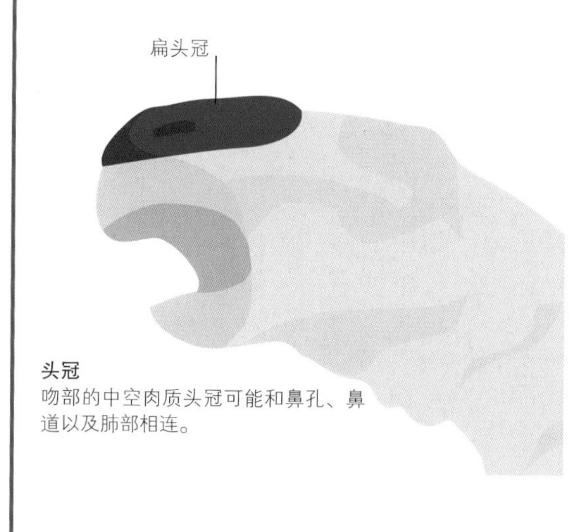

头冠
吻部的中空肉质头冠可能和鼻孔、鼻道以及肺部相连。

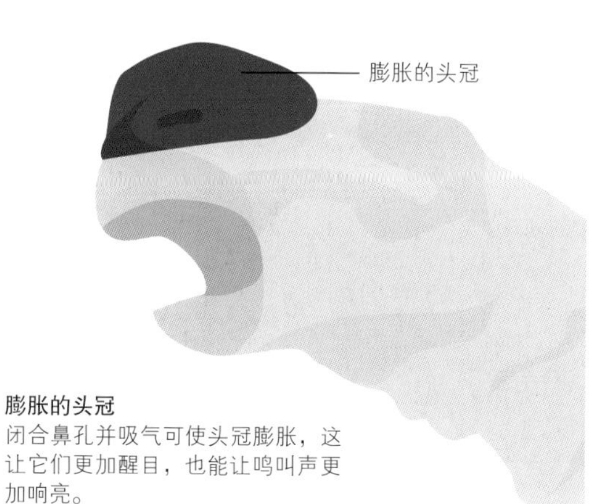

膨胀的头冠
闭合鼻孔并吸气可使头冠膨胀，这让它们更加醒目，也能让鸣叫声更加响亮。

蛋中天地

有些恐龙蛋化石里保存着在快要出壳时死于灾难的幼龙。虽然这些不幸的小宝宝成了一堆杂乱的小骨头化石，但是科学家复原出了它们在蛋中的模样，比如这只就要孵化的蜥脚类恐龙。将恐龙蛋和现生爬行动物的蛋以及鸟类的蛋做比较，也能得到蛋中结构的线索。

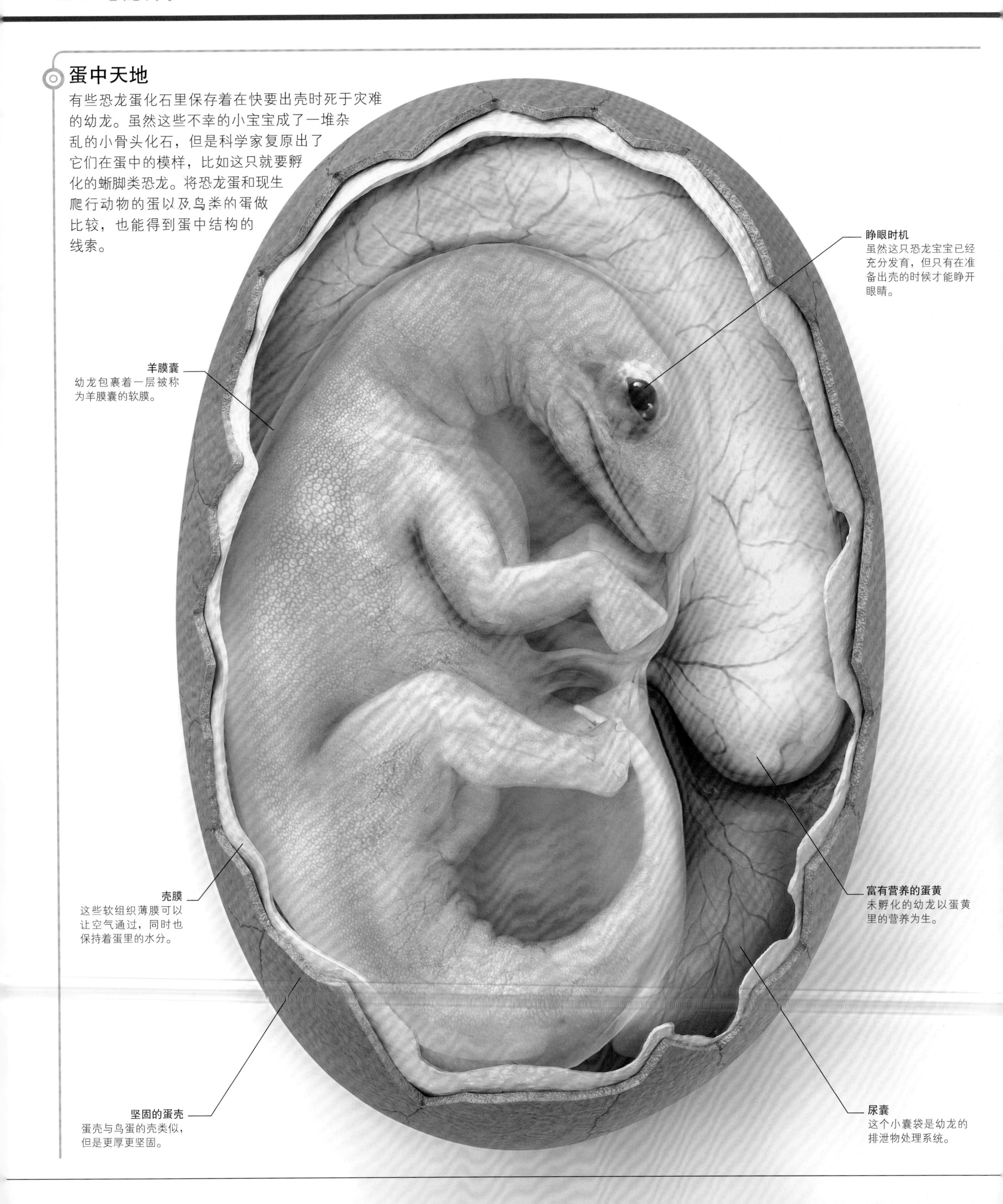

繁殖

所有恐龙都是卵生动物。它们产下大量恐龙蛋之后会将蛋掩埋，或像鸟类一样在地面的巢里完成孵化。有的恐龙可能在生蛋之后就撒手不管，其他恐龙则会亲自孵蛋并抚育幼龙。不管采取哪种方式，大量的蛋化石都说明恐龙的繁殖速度比现生哺乳动物快得多。

一些成年恐龙似乎会照顾幼龙

几周或几个月，比如慈母龙。

恐龙蛋

恐龙蛋有坚硬的白垩质蛋壳，与现生鸟类的蛋十分相像。有些蛋壳凹凸不平，其他的则十分光滑，恐龙蛋可能还具有色彩和花纹。不同的恐龙会产下形状不同的蛋，比如长椭圆形或几近完美的球形。

窃蛋龙蛋
18厘米

迷惑龙蛋
30厘米

原角龙蛋
16厘米

小小的奇迹

恐龙蛋最令人惊讶的地方在于它们都不大。即使是迷惑龙这样庞大的恐龙的蛋都不过只有篮球大小，这和发育完全的蜥脚类恐龙相比简直微不足道。刚孵化的幼龙还要更小，也就是说，恐龙的生长十分迅速。

鸡蛋
5.7厘米

恐龙巢

大型恐龙会为了产蛋而挖浅浅的巢，随后盖上树叶和泥土。树叶腐烂产生的热量有助于孵蛋。很多小型恐龙都将蛋产在空心土堆里，然后用自己的体温孵蛋，和鸡并无二致。

一窝蛋

恐龙可能会一次产下至少 20 个蛋。葬火龙（见第 114~115 页）等一些小型披羽恐龙用自己长有羽毛的长手臂将蛋盖住，以防热量散失。

鳄鱼巢

现生鳄鱼的孵化方式和大型恐龙一样，即将蛋埋进温暖的腐烂树叶堆中。它们会保卫自己的巢，中生代的恐龙或许也会这么做。

成长

一些幼龙孵化之后可能很快就会离巢，而其他幼龙会被父母照料。幼龙成长迅速，外貌和大小都在不断变化。原角龙等少数恐龙的化石记录了它们不同的成长阶段。

刚孵化

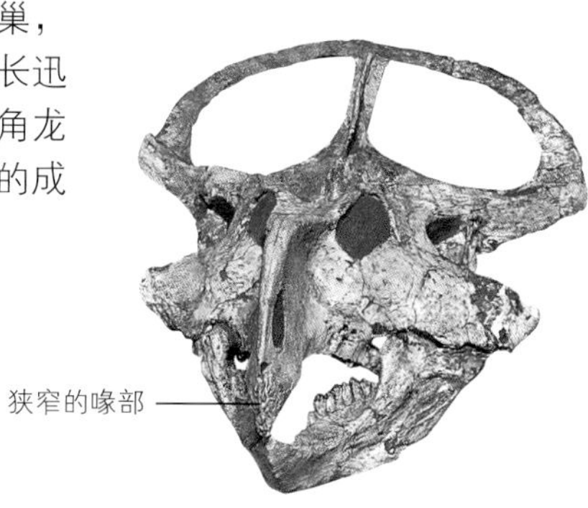

亚成年

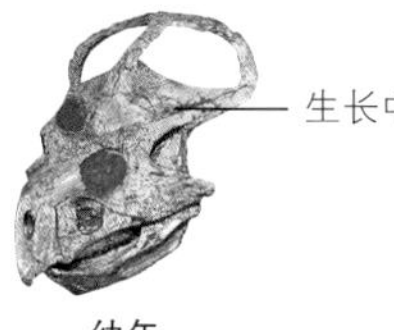

幼年

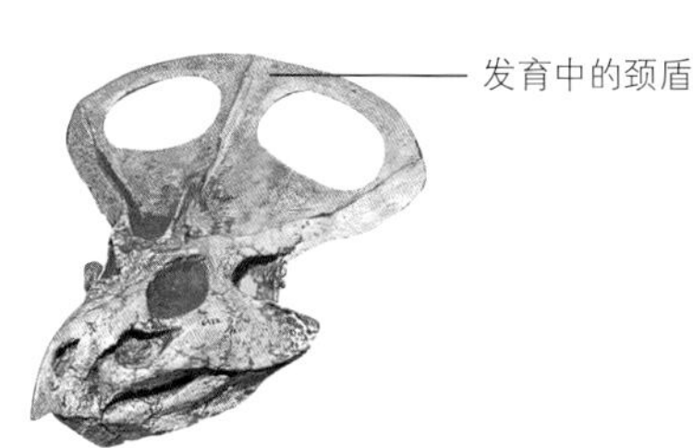

未成熟
（介于幼年和亚成年之间）

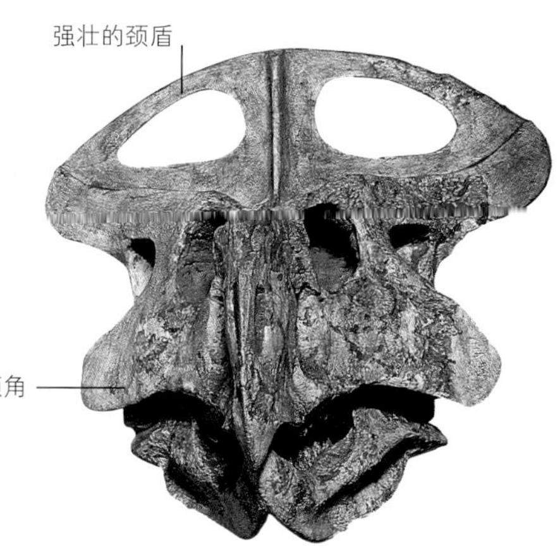

成年

大灭绝

6600 万年之前，中生代在大灭绝中落下了帷幕。所有的大型恐龙、翼龙和大部分海生爬行动物，以及许多其他动物就此灭绝，现在我们只能通过化石来认识它们，而蜥蜴、鳄类、鸟类和哺乳动物幸存了下来。这场灾难可能是由外太空巨大的小行星撞击地球引起的。与此同时，印度半岛也出现了大规模火山喷发，这可能让撞击造成的全球气候混乱更加严重。

撞击

巨大的小行星撞击地球之后就发生了大灭绝。撞击点位于今天墨西哥的尤卡坦半岛，撞击后这颗至少 10 千米长的小行星立刻爆炸。与迄今为止引爆过的最强大的核弹相比，这场灾难性大爆炸的威力高出了 2 亿倍。

混乱的世界

6600 万年前的灾难对所有生命都造成了巨大影响。受打击最严重的类群全部灭绝，就连幸存者里也只剩少数幸运儿在那个支离破碎的混乱世界中挣扎求生。

大灾变

科学家还不确定灭绝的原因是小行星撞击还是超级火山喷发出的大量毁灭性有毒气体和熔岩。不管灾难是由其中一种原因引起的还是两者共同作用的结果，地球的气候都发生了翻天覆地的变化，最终导致大量野生动植物死亡。

超级火山
印度半岛的大部分地区都被大量烟气和熔岩淹没了，而后熔岩冷却形成了一层层玄武岩，厚达 2000 米。这些层状岩体被称为德干暗色岩。

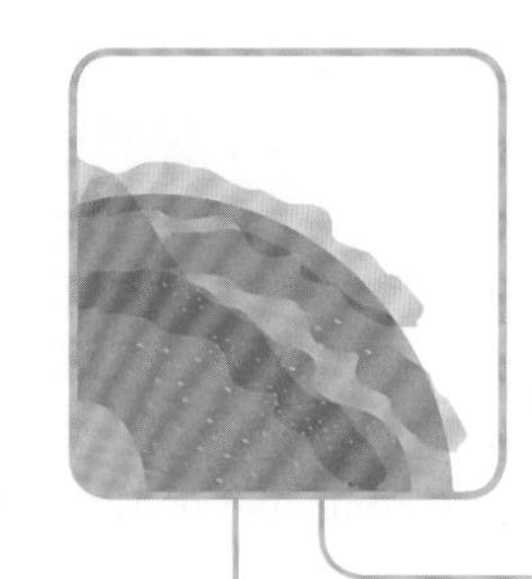

爆炸的碎片
混合着化学烟雾的灰尘至少将至关重要的阳光遮挡了一年。

小行星撞击
小行星撞击引起的爆炸留下了一个直径 180 千米的陨石坑，现在已经深埋在地下。当时的大气层里充满了撞击产生的碎屑。

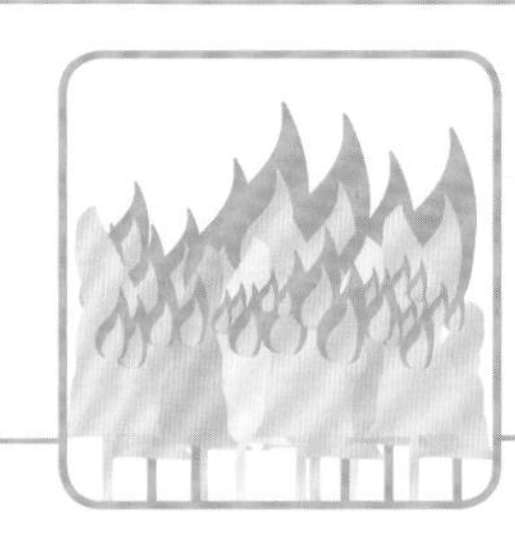

全球林火
撞击使灼热的熔岩喷薄而出，可能引发了全球林火。

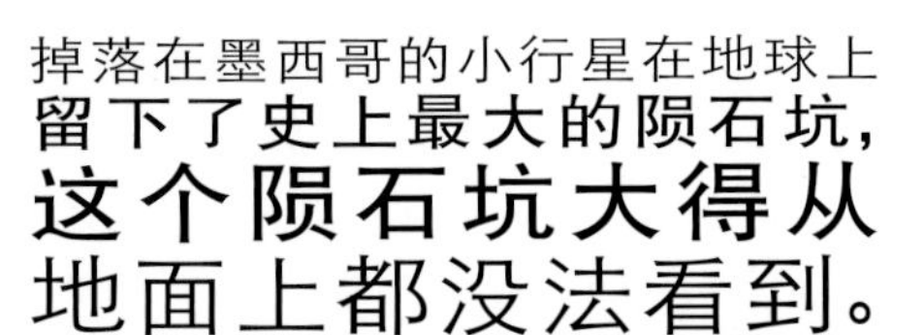

掉落在墨西哥的小行星在地球上留下了史上最大的陨石坑，这个陨石坑大得从地面上都没法看到。

受害者

这场灾难中最著名的受害者是大型恐龙。一些最巨大、最著名的恐龙都生活在那个时代，包括暴龙和三角龙。灾绝也没放过翼龙、大部分海生爬行动物和很多其他海洋生物。地球上至少 75% 的物种毁于一旦。

幸存者

虽然有些动物灭绝了，但也有物种设法挺过了最初的灾难和接下来植物稀少、食物匮乏的艰难时日，其中包括各种鱼类、爬行动物、哺乳动物和无脊椎动物，以及鸟类。

鲨鱼
它们和其他海洋鱼类一起逃出生天，演化成了今天外表光滑的掠食者。

蛙类
淡水动物似乎躲过了最可怕的打击，很多蛙类都存活到了新生代。

鳄类
虽然鳄类属于主龙类，和恐龙以及翼龙是近亲，但部分鳄和短吻鳄也都大难不死。

龟类
令人惊讶的是，80% 以上的白垩纪龟类挺过了大灭绝。

蛇类
很多蜥蜴和蛇闯过了危机，成为所有现生蜥蜴和蛇的祖先。

哺乳动物
当时所有的主要哺乳动物类群都幸存了下来，最终在新生代里繁荣兴旺。

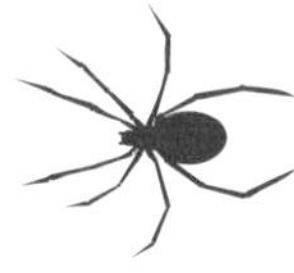

昆虫和蜘蛛
小型陆生无脊椎动物都遭到了惨重打击，但也有很多类群幸免于难，最后又繁盛了起来。

甲壳动物
海胆等多种海洋无脊椎动物都得以幸存，但包括菊石在内的部分动物还是难逃厄运。

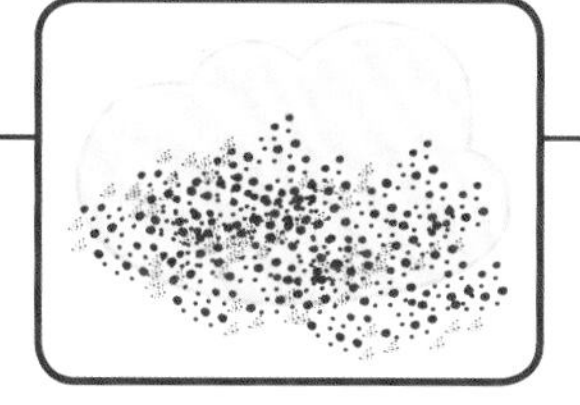

火山云
由火山灰和火山气体组成的大片云层遮天蔽日。

酸雨
火山灰里的化学物质和水混在一起形成了致命的酸雨。

爆炸和冲击波
灾难引起的冲击必定摧毁了受撞击地区的所有生命。

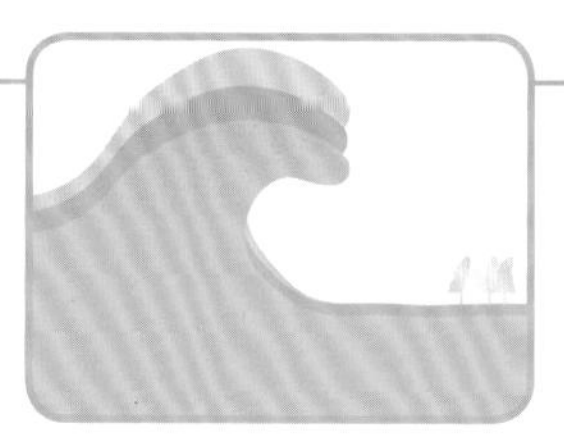

大海啸
有证据表明，曾有大海啸席卷了加勒比海和大西洋沿岸地区。

气候危机
不管灾难之源是大规模火山喷发还是撞击地球的小行星，或者两者皆有，地球最后都发生了灾难性的气候变化，全球气温下降，生态系统崩溃。我们的世界耗费了数千万年才恢复过来。

鸟类——恐龙的幸存者

现在我们知道鸟类是从兽脚类恐龙演化而来的，它们的祖先和伶盗龙（见第 108~109 页）等轻盈的披羽掠食者是近亲。鸟类无疑具备很多特殊的特征，其中大部分都演化于距今十分遥远的年代。中生代末期的天空就已经准备好迎接酷似现生鸟类的飞鸟了。鸟类身上有一个未解之谜，那就是它们为什么能从灭绝了其他所有恐龙的灾难中幸存下来。

演化

始祖鸟等最古老的会飞的恐龙和不会飞的兽脚类非常相似，它们具有同样的祖先。在早白垩世时演化出了一种被称为反鸟的动物，它们和现生鸟类相差不远，只有少数古怪的细节有所不同。最古老的今鸟类出现于一亿年前的早白垩世。

伶盗龙
这是种不会飞的披羽掠食者，它们的祖先和最古老的会飞的恐龙存在亲缘关系，因此它们的外貌十分相近。

恐龙

飞翔的恐龙

最古老的鸟类的骨架和很多不会飞的恐龙十分相似，不过它们有着用来支撑翅膀的较长前肢骨骼。这两种生物都有羽毛和高效的肺部。鸟类在演化过程中发生了很多变化，以便在不增加体重的情况下增强翅膀的力量。这些变化都发生于中生代，后来被鸽子之类的现生鸟类传承下来。

最古老的今鸟类的诞生时间早于许多著名的大型恐龙，比如君王暴龙。

极长的骨质尾部
如愿骨
长手臂
抬起的趾爪

伶盗龙
这种长臂手盗龙类兽脚类恐龙和始祖鸟有着同样的祖先。始祖鸟是最古老的飞鸟之一。它们骨架的基本特征相同。

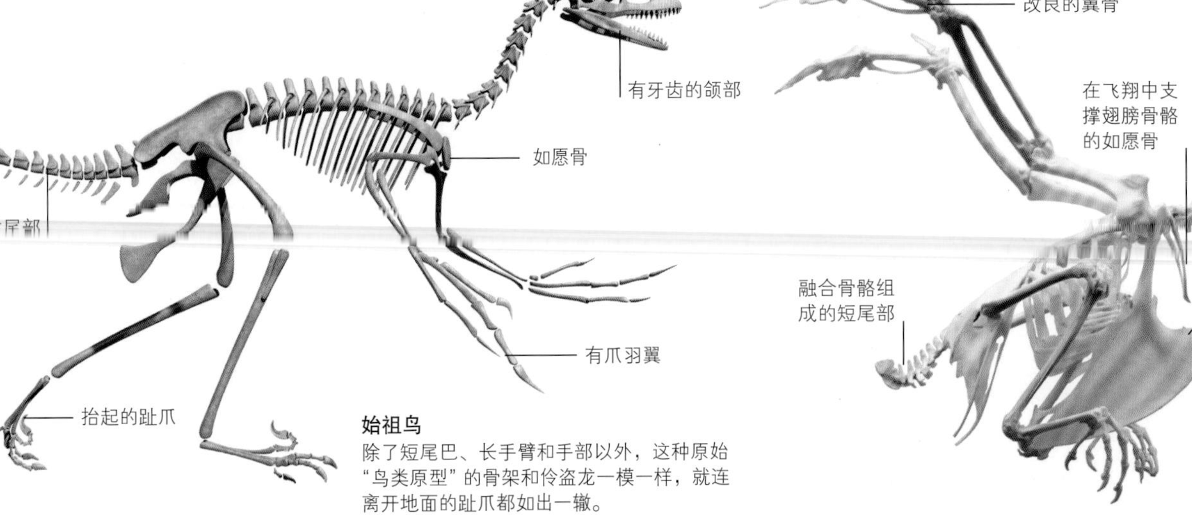

喙部
极深的胸骨

始祖鸟
除了短尾巴、长手臂和手部以外，这种原始“鸟类原型”的骨架和伶盗龙一模一样，就连离开地面的趾爪都如出一辙。

鸽子
这种现生鸟类具有喙部和用来固定有力飞行肌的深胸骨。它们的身体骨架十分强健，尾部短小。

始祖鸟
它们是鸟类恐龙，而非今鸟类。始祖鸟也是第一种能飞向天空的恐龙，它们有长长的骨质尾部，不太擅长飞行。

孔子鸟
较晚期的鸟类恐龙身上出现了融合在一起的短尾椎骨，但它们仍有翼爪，胸骨的深度也不足以支撑巨大的飞行肌。

伊比利亚鸟
反鸟演化出了巨大的胸骨和强壮的飞行肌，但部分成员仍有牙齿，少数还保留着翼爪。

现生鸟类
今鸟类具有没有牙齿的喙部和其他进化的特征，其中大部分特征都演化于中生代。

生活研究

现生鸟类算得上是现生恐龙，因此研究它们的生活或许可以让我们发现很多有关中生代恐龙生活的线索。很明显，鸟类本身和它们所生活的世界都与已经灭绝的祖先大不相同。但是，它们具有一些相同的生物学特征，行为上也有共通之处。

饥饿的猎人
海鹰用爪子捕捉、抓紧并撕扯猎物。长有利爪的小型中生代猎手可能也会用爪子做同样的事。

筑巢地
化石证据表明，很多中生代恐龙都聚集在一起筑巢。海鸟也有这种习性，比如这些海鹦。它们可能和恐龙具有相同的社会生活方式。

父母的关爱
一些幼龙可能会和小鸡一样一出生就自己觅食，成年恐龙或许也会像警觉的母鸡一样保护它们。

自然“返祖”

鸵鸟等不能飞行的现生鸟类与某些恐龙类似，比如似鸵龙。但是，它们的解剖结构源自可以飞翔的祖先。这就意味着进化已经形成了一个完美的循环，产生了中生代晚期快速轻巧的兽脚类的“现代等价物种”。

飞毛腿
这只美洲鸵看起来很像中生代的幸存者，实际上这是大自然演化“改造”动物的成功范例。

令人眼花缭乱的多样性

当今世界生活着上万种鸟类。可见恐龙不仅没有灭绝，而且还在地球的每一个角落兴旺繁衍。它们演化出了数不胜数的种类，如信天翁、鹰、猫头鹰、蜂鸟和企鹅等等。地球上最迅速、最美丽、最聪明和叫声最动听的动物尽列其中，而它们都是恐龙的后裔！

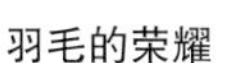

羽毛的荣耀
雄孔雀炫目的羽毛不过是鸟类奇妙演化中的一个例子。恐龙的故事远没有结束，这个种族里依然涌现出地球上最精妙绝伦的动物。

词汇表

翱翔
借助上升气流盘旋或滑翔很长一段距离。

奥陶纪
古生代的一个阶段，从4.85亿年前延续到4.43亿年前。

白垩纪
中生代（恐龙时代）的第三个阶段，开始于1.45亿年前，结束于6600万年前。

保护色
使动物难以被发现的颜色或花纹。

保温层
动物身上所有防止热量散失的部分，比如脂肪、皮毛和羽毛。

博物学家
专门研究自然界的科学家。

哺乳动物
一类温血脊椎动物，通常具有毛发。哺乳动物的幼崽以母亲的乳汁为食。

草原
覆盖着青草的大片土地，有时零星散布有乔木和灌木。

肠
长而蜷曲的管道，是动物消化系统的主要组成部分。

超大陆
由许多大陆连接在一起形成的巨大陆块。

超级火山
喷发出大量熔岩、火山灰和有毒气体的巨型火山。这种灾难性的喷发对全球气候有很大影响。

沉积物
沙砾、泥沙或淤泥等一层层沉积的固体颗粒。

沉积岩
沉积物变硬后形成的岩石。

成熟
发育到能够繁殖。

驰龙类
一类兽脚类恐龙，长前臂上有爪，每只脚上都有一根特化的“杀戮爪”。伶盗龙便是其中一员。

赤道
地球上一条假想的线，这条线与南极和北极之间的距离相等。

大陆
高出海面的大片连续陆地。

大灭绝
使很多物种消失的灾难。

代
定义一段生命历史的地质年代，比如古生代或中生代。

单孔类
一小群产蛋的哺乳动物，比如鸭嘴兽。

蛋白质
生物从比较简单的营养素中制造出的复杂物质，用于构建自身组织。

地层学
通过岩层或地层序列测定岩石和其中化石相对年代的科学。

第四纪
新生代的第三个阶段，从260万年前延续至今。

鳄类
一类爬行动物，同现生鳄及短吻鳄是近亲。

二齿兽类
一类已经灭绝的脊椎动物，有两枚象牙样牙齿。它们和哺乳动物的祖先有亲缘关系。

二叠纪
古生代的一个阶段，从2.98亿年前延续到2.52亿年前。

发掘
处理化石等物品时的挖掘过程，通常需要科学的方法。

珐琅质
为牙齿抵抗磨损的坚硬物质。

繁殖
雄性和雌性繁衍后代的行为。

泛滥平原
河边的平原地区，由季节性洪水带来的柔软沉积物构成。

粪化石
动物粪便的化石，通常含有食物的碎片。

孵蛋
为蛋保暖，让它们能够发育孵化。

覆盾甲龙类
包括剑龙类和甲龙类在内的一类恐龙。

干旱
非常干燥的气候。

感官
感觉外部世界的器官，用这些器官来探查物品和事件。

巩膜环
眼眶中支撑眼球的一圈骨骼。

共鸣
增大音量，使声音更浑厚。

古近纪
新生代的第一个阶段，从6600万年前延续至2300万年前。

古生代
恐龙诞生（中生代）之前的时代，从5.41亿年前延续至2.52亿年前。

古生物学家
专门研究化石的科学家。

骨床
骨骼化石形成的大片沉积物。

骨盆
将上肢骨骼和腰带连接起来的骨骼结构。

海生爬行动物
生活在海里的爬行动物，有时也专指灭绝于中生代末期的蛇颈龙类、鱼龙和类似的群体。

海啸
由海底地震、火山岛喷发或小行星撞击等大范围事件导致的巨型海浪或一连串海浪。

寒武纪
古生代的一个阶段，从5.41亿年前延续至4.85亿年前。

旱季
某个地区每年没有降雨的一个月或几个月。

洪水
暴风雨后水迅速汇聚，形成强大的激流，引发洪水。

琥珀
从树中渗出的黏稠树脂，在数千万年里逐渐硬化。

花蜜
花朵用来吸引昆虫和其他动物的香甜液体。

化石
保存在岩层中的古生物遗体或古生物活动所留下的遗迹。

幻龙类
三叠纪中的一类海生爬行动物。

荒漠
陆地表面气候干旱、植被贫乏、土地贫瘠、景观荒凉的地方。

肌腱
结实且略有弹性的条索状结构，用于将肌肉附着在骨骼上。

棘突
动物身上的尖刺或神经棘。

脊柱
脊椎动物背部的主要支架，由多个脊椎骨连接组成。

脊椎动物
具有内骨骼和脊柱的动物。

脊椎骨
组成恐龙、鸟类和哺乳类等动物的脊柱的短骨，又叫椎骨。

纪
组成代的地质年代，比如中生代的侏罗纪。

甲壳动物
蛤蜊、牡蛎、蟹和类似的有硬壳的生物。

甲龙科
甲龙类中的一种，长有防御用的骨质尾锤。

甲龙类
鸟臀类恐龙中的一大类，身体上覆盖着骨质铠甲。

剑龙类
一类披甲的恐龙，背部有巨大的骨板和棘突。

箭石
已经灭绝的软体动物，因有一个箭头状的鞘而得名。

角龙类
长角恐龙的一种，通常脸上有角，脖子上围着骨质颈盾。

角质
这种坚硬的结构蛋白质组成了毛发、羽毛、鳞片、爪子和角。

结节
圆形的小骨质结构，比如骨鳞或牙齿上的小圆球或尖头。

结节龙科
甲龙类中的一种，尾部末端没有沉重的尾锤。

臼齿
位于颌部后方，专门用于咀嚼的牙齿。

菊石
有螺旋外壳和章鱼样触手的海生软体动物，在中生代十分常见。

巨龙类
一类演化于白垩纪的蜥脚类恐龙。

锯齿状
像牛排刀刀刃一样的形状。

蕨类
生长在潮湿地区的原始不开花植物，具有叶状的复叶和高大的茎干。

矿物
天然产出、具有一定的化学成分和有序的原子排列，通常由无机作用所形成的均匀固体。

两栖动物
一种脊椎动物，通常在生命之初生活在水里，但成年后可以呼吸空气并有时生活在陆地上，比如蛙类。

两足动物
用两条腿站立的动物。

猎物
被其他动物捕食的动物。

鳞甲
镶嵌于皮肤中的柔韧板状结构，包括骨质基底和覆盖其上的鳞状角质，通常具有保护作用。

领地
在栖息地里，某只动物不许对手进入的区域，对手通常是同类。

掠食者
捕食其他动物的动物。

门牙
凿子一样的前部牙齿，专门用于咬下小块食物。

灭绝
完全消失。物种灭绝意味着没有任何一个个体生存，永远消失。

膜
有弹性的柔韧薄片状物。

木贼类
一种没有种子而有孢子的原始植物，叶子如线条一样从茎干呈环状或旋涡状长出。

泥盆纪
古生代的一个阶段，从4.19亿年前延续至3.59亿年前。

鸟脚类
一类植食性恐龙，主要用后肢行走，没有铠甲。

鸟臀类
恐龙分为两大类，鸟臀类是其中的一类。

爬行动物
包括龟、蜥蜴、鳄类、蛇、翼龙和恐龙在内的一类动物。

皮内成骨
在皮肤里成形的骨板，通常构成防御用的铠甲。

鳍状肢
带有宽大蹼板的肢体，擅长高效划水游泳。

前寒武纪
古生代之前的漫长地质年代。

前磨牙
哺乳动物位于臼齿前的咀嚼齿。

鞘
在细长物体外起保护或延伸作用的外套，如角质鞘。

窃蛋龙类
兽脚类恐龙的一种，具有喙部和长有羽毛的前肢，得名于窃蛋龙。

求偶
促进交配的行为，通常包括呼唤和展示美丽的羽毛。

犬齿
犬类等肉食性哺乳动物长而尖的牙齿，有些恐龙也有这种牙齿。

犬齿兽类
已经灭绝的脊椎动物之一，是哺乳动物的直系祖先。

热带
靠近赤道的地区。

韧带
身体中略有弹性的结实带状结构，用于连接不同的骨骼。

熔岩
熔化的岩石，来自火山喷发。

肉食龙类
强大的大型肉食性兽脚类恐龙，出现于侏罗纪。

肉食性动物
吃肉的动物。

三叠纪
中生代的第一个阶段，从2.52亿年前延续至2.01亿年前。

砂岩
沙砾黏合在一起组成的岩石。

伤齿龙类
迅捷的小型兽脚类恐龙，包括伤齿龙及其近亲。

上龙类
蛇颈龙中的一种，脖子较短，头和颌部较长。它们的生活方式更倾向于掠食者。

蛇颈龙类
具有4只鳍状肢的海生爬行动物，大部分成员都有长脖子。

神龙翼龙类
巨大的晚白垩世翼龙类。

生态系统
生活在特定地区的生物群体，其中的各种生物都以某种方式相互依存。

石灰岩
方解石组成的岩石，通常由海生微生物的骨架构成。

石松类
具有鳞片叶的原始植物。它们没有种子，以孢子繁殖。

石炭纪
古生代的一个阶段，从3.59亿年前延续至2.99亿年前。

食腐动物
靠吃动物尸体和其他残羹为生的动物。

世
组成纪的一段地质年代，比如中侏罗世。

似鸟龙类
鸟样兽脚类恐龙，类似于鸵鸟。

视神经叶
脑内用于处理视觉数据的部分。

手盗龙类
它们是一类进化了的兽脚类恐龙，有着强有力的前肢和爪子。鸟类便是演化自这个群体。

授粉
将一株植物的花粉带到另一株植物上。有的动物会有这种行为，如蜜蜂。

兽脚类
蜥臀类恐龙中的一类，几乎都是肉食性动物。

双眼视觉
同时用两眼看一个场景或物体，具有深度视觉，也就是3D视觉。

四足动物
具有四肢的脊椎动物或它们的祖先。除了鱼之外，所有脊椎动物都是四足动物。

苏铁类
一种热带植物，种子在巨大的球果中，具有王冠状树叶，类似于树蕨或棕榈。

苔藓类
原始的不开花植物，在潮湿的区域生长成垫子一样的植被。

同类相食
在动物界中，会把同类吃掉的行为。

头盖骨
头骨顶部的穹顶，保护大脑。

头饰龙类
这类恐龙包括角龙类和傻乎乎的肿头龙。

微化石
必须用显微镜研究的小化石。它们可能是微生物的化石，或较大动物的一部分。

胃石
鸵鸟等动物吞进肚子里帮助胃部磨碎食物的石头。

无脊椎动物
动物界中除脊椎动物以外的其他动物类群的统称，这类动物没有脊椎。

物种
具有共同形态特征、生理特性以及一定自然分布区的生物类群，可与其他同类繁殖后代。

蜥脚类
从原蜥脚类中演化出的长脖子植食性恐龙。

蜥脚形类
所有长脖子的蜥臀类植食性恐龙。

蜥臀类
恐龙分为两大类，蜥臀类是其中的一类。

细胞
一切生物结构和功能的基本单位。动植物都有很多细胞，但是细菌等微生物仅由一个细胞构成。

潟湖
与海隔离开的一片浅水。

下孔类
一类包括哺乳动物及其祖先在内的脊椎动物。

显微水平
必须用显微镜才能看到。

消化
将食物分解为更简单的物质，以便动物的身体吸收利用。

消化系统
主要是指动物的胃肠。

小行星
围绕太阳运动的巨大的岩石物体，比流星大，比行星小。

新近纪
新生代的第二个阶段，从2300万年前延续至260万年前。

新生代
这个时代开始于6600万年前，也就是恐龙时代的终结。

胸骨
胸部中间的骨骼。鸟类的胸骨很大。

炫耀
动物会通过展示健美的身体或力量来威吓对手或吸引异性。

鸭嘴龙类
一类鸟脚类恐龙，有鸭子一样的喙部和一整套咀嚼齿列。

亚化石
没有腐烂的生物遗骸，尚未石化。

演化
生物随着时间而改变的过程。

异齿
具有多种功能的不同的牙齿，比如咀嚼齿和啃咬齿。

翼龙
中生代的飞行爬行类动物。它们的翅膀是由一根极长指骨拉伸的皮肤。

银杏类
一类不开花植物，具有类三角形叶片，可以长成高大的树木。

营养素
从食物中摄取的、能促进生物体生长发育及正常代谢、活动和繁殖的化学物质。

有袋类
诸如袋鼠的一类哺乳动物。它们的幼崽非常小，会在育儿袋里成长。

有胎盘类
幼崽会在子宫中发育很长一段时间的胎生哺乳动物。

幼体
尚未成年，还不能繁殖。

鱼龙
一类形似海豚的海生爬行动物，在中生代早期非常常见。

羽片
抵抗空气压力的轻盈片状物，形状与风向标类似。

原蜥脚类
一类晚三叠世早期的长脖子植食性恐龙，早于蜥脚类诞生。

杂食动物
食用各种动植物的动物，它们通常非常挑剔。

站姿
站立的姿势。

针叶树
这种植物通常是高大的树木，比如松树或云杉。它们的种子装在鳞片球果里。

植龙类
一类已经灭绝的爬行动物，与鳄类类似，生存到了三叠纪末期。

植食性动物
以树叶和草为食的动物。

志留纪
古生代的一个阶段，从4.43亿年前延续至4.19亿年前。

中生代
中生代也被称为恐龙时代，从2.52亿年前延续到6600万年前。

肿头龙类
头骨特别厚的一类鸟臀类恐龙。

侏罗纪
中生代的第二个阶段，从2.01亿年前延续至1.45亿年前。

主龙类
包括恐龙、鸟类、翼龙和鳄类在内的一类动物。

主要食物
动物赖以为生的食物。

抓握手
拇指可以像人类拇指一样和其他手指对捏。这种手可以完成紧握动作。

鬃毛
柔韧而有弹性的粗毛发样结构。

索引

致谢

DK要感谢以下人员在本书出版过程中提供的帮助：索引 Carron Brown；校对 Victoria Pyke；地图编辑 Simon Mumford；编辑 Esha Banerjee 和 Ciara Heneghan；设计 Daniela Boraschi、Jim Green 和 Tanvi Sahu；美国化 John Searcy；图片调色 Jagtar Singh；图片纹理 A. Badham；透视图制作 Adam Benton。

史密森学会专家审定：
Michael Brett-Surman 博士，恐龙化石、两栖动物和鱼类专家，来自美国国家自然历史博物馆古生物学部。

感谢以下人员授予本书图片使用权：

（缩写说明：a–上方；b–下方/底部；c–中间；l–左侧；r–右侧；t–顶端。）

2 Dorling Kindersley: Andrew Kerr (cla). **3 Dorling Kindersley:** Andrew Kerr (bl). **4 Dorling Kindersley:** Peter Minister and Andrew Kerr (cla). **6 Dreamstime.com:** Csaba Vanyi (cr). **Getty Images:** Arthur Dorety / Stocktrek Images (cl). **8 Dorling Kindersley:** Jon Hughes (cl); Andrew Kerr (tc, cra, cr). **8-9 Dorling Kindersley:** Andrew Kerr (b). **9 Dorling Kindersley:** Jon Hughes (tc, ca/Lepidodendron aculeatum); Andrew Kerr (tr, cr); Jon Hughes / Bedrock Studios (ca). **10 Dorling Kindersley:** Andrew Kerr (tr, ca/Rolfosteus, cra, cra/Carcharodontosaurus); Trustees of the National Museums Of Scotland (ca). **11 Dorling Kindersley:** Frank Denota (bl); Andrew Kerr (cb/Argentinosaurus). **12-13 Dorling Kindersley:** Peter Minister and Andrew Kerr. **15 Dorling Kindersley:** Graham High (cr); Peter Minister (ca); Andrew Kerr (crb, br, cb). **16 Dorling Kindersley:** Roby Braun (br); Jon Hughes (crb, crb/Ischyodus). **Dreamstime.com:** Csaba Vanyi (c). **17 Dorling Kindersley:** Jon Hughes (tc, tr, ftr). **Getty Images:** Arthur Dorety / Stocktrek Images (c); Ed Reschke / Stockbyte (tl). **Science Photo Library:** Mark Garlick (crb). **19-191 Dorling Kindersley:** Senckenberg Gesellshaft Fuer Naturforschugn Museum (c). **20-21 Plate Tectonic and Paleogeographic Maps by C. R. Scotese, © 2014, PALEOMAP Project (www.scotese.com). 20 123RF.com:** Kmitu (bc). **Dorling Kindersley:** Jon Hughes (br). **21 Dorling Kindersley:** Jon Hughes and Russell Gooday (cr); Natural History Museum, London (bc); Andrew Kerr (crb); Peter Minister (br). **22-23 Dorling Kindersley:** Peter Minister. **23 Dreamstime.com:** Ekays (br). **E. Ray Garton, Curator, Prehistoric Planet:** (bc). **24 Alamy Images:** AlphaAndOmega (tc). **26 Corbis:** Louie Psihoyos (tl). **27 Corbis:** Louie Psihoyos (cr). **Dorling Kindersley:** Instituto Fundacion Miguel Lillo, Argentina (bc). **Getty Images:** João Carlos Ebone / www.ebone.com.br (crb). **28 Dreamstime.com:** Hotshotsworldwide (bl). **SuperStock:** Fred Hirschmann / Science Faction (cla). **30-31 Getty Images:** Keiichi Hiki / E+ (Background). **32 Dorling Kindersley:** Natural History Museum, London (cb). **34 Corbis:** Jonathan Blair (cla). **Dorling Kindersley:** Natural History Museum, London (br). **36 Getty Images:** Patrick Aventurier / Gamma-Rapho (cr). **37 Corbis:** Jon Sparks (br/Background). **38 Corbis:** Jim Brandenburg / Minden Pictures (crb). **Courtesy of WitmerLab at Ohio University / Lawrence M. Witmer, PhD:** (ca). **39 Corbis:** Louie Psihoyos (cla). **Dorling Kindersley:** State Museum of Nature, Stuttgart (bl). **42-43 Plate Tectonic and Paleogeographic Maps by C. R. Scotese, © 2014, PALEOMAP Project (www.scotese.com). 42 Dorling Kindersley:** Rough Guides (br). **Dreamstime.com:** Robyn Mackenzie (bc). **43 Dorling Kindersley:** Jon Hughes and Russell Gooday (br); Andrew Kerr (cra, crb). **45 Corbis:** David Watts / Visuals Unlimited (cr). **46 Dorling Kindersley:** Royal Tyrrell Museum of Palaeontology, Alberta, Canada (bc). **47 Dorling Kindersley:** Royal Tyrrell Museum of Palaeontology, Alberta, Canada (cra). **Getty Images:** Stanley Kalsa Breeden / Oxford Scientific (crb). **48 Dorling Kindersley:** Peter Minister (l). **49 Dorling Kindersley:** Peter Minister (cl); Natural History Museum, London (cr). **50-51 Dorling Kindersley:** Andrew Kerr. **50 Dorling Kindersley:** Andrew Kerr. **51 Alamy Images:** Photoshot Holdings Ltd (tl). **Dorling Kindersley:** Robert L. Braun (cr). **Getty Images:** Veronique Durruty / Gamma-Rapho (br). **52 Science Photo Library:** Natural History Museum, London (bc); Sinclair Stammers (cb). **53 Alamy Images:** Corbin17 (cb). **54-55 Dorling Kindersley:** Andrew Kerr (c). **54 Alamy Images:** Shaun Cunningham (crb). **55 Dorling Kindersley:** Andrew Kerr (c, tc). **56 Science Photo Library:** Natural History Museum, London (tr). **57 Dorling Kindersley:** Natural History Museum, London (bl). **58 Corbis:** Imaginechina (cl). **Dreamstime.com:** Konstantin (bl). **59 Corbis:** Joe McDonald (crb). **Maria McNamara / Mike Benton, University of Bristol:** (br). **62 Corbis:** Jonathan Blair (cra); Tom Vezo / Minden Pictures (cl). **Prof. Dr. Eberhard "Dino" Frey:** Volker Griener, State Museum of Natural History Karlsruhe (bc). **64-65 Dorling Kindersley:** Andrew Kerr. **65 Museum für Naturkunde Berlin:** (bc). **66 Dorling Kindersley:** Senckenberg Gesellshaft Fuer Naturforschugn Museum (bl). **67 Dorling Kindersley:** Senckenberg Gesellshaft FuerNaturforschugn Museum (cr). **68 Corbis:** Naturfoto Honal (tl). **69 Corbis:** Naturfoto Honal (bc). **Dreamstime.com:** Rck953 (crb). **70 Dorling Kindersley:** Senckenberg Gesellshaft Fuer Naturforschugn Museum (tl). **72 123RF.com:** Dave Willman (br). **Dorling Kindersley:** Natural History Museum, London (cl). **74 Corbis:** Sandy Felsenthal (cl).**Dreamstime.com:** Amy Harris (br). **Reuters:** Reinhard Krause (cra). **76 Corbis:** Louie Psihoyos (bc). **78 Dorling Kindersley:** Rough Guides (c/Background). **Getty Images:** P. Jaccod / De Agostini (cl/Background). **80-81 Plate Tectonic and Paleogeographic Maps by C. R. Scotese, © 2014, PALEOMAP Project (www.scotese.com). 80 Corbis:** Darrell Gulin (bc). **Getty Images:** Christian Ricci / De Agostini (br). **81 Dorling Kindersley:** Jon Hughes and Russell Gooday (br); Andrew Kerr (cr, crb). **Getty Images:** Prehistoric / The Bridgeman Art Library (cra). **82 Dorling Kindersley:** Natural History Museum, London (bl, tl). **83 Science Photo Library:** Paul D Stewart (c). **84 National Geographic Stock:** (br). **85 Dreamstime.com:** Veronika Druk (br). **TopFoto.co.uk:** National Pictures (cr). **87 Dreamstime.com:** Callan Chesser (bl). **John P Adamek / Fossilmall.com. TopFoto.co.uk:** (br). **88 Dorling Kindersley:** Natural History Museum, London (br). **89 Corbis:** Gerry Ellis / Minden Pictures (cr). **Science Photo Library:** Natural History Museum, London (ca). **90 Alamy Images:** Dallas and John Heaton / Travel Pictures (bl). **91 Dreamstime.com:** Dule964 (cr). **Getty Images:** Mcb Bank Bhalwal / Flickr Open (tl); O. Louis Mazzatenta / National Geographic (br). **93 Dorling Kindersley:** Senckenberg Gesellshaft Fuer Naturforschugn Museum (bc, br). **94-95 Dorling Kindersley:** Andrew Kerr. **94 Getty Images:** Morales / Age Fotostock (tc). **95 Dorling Kindersley:** Swedish Museum of Natural History, Stockholm (cra). **Science Photo Library:** Peter Menzel (bc). **97 Jürgen Christian Harf/http://www.pterosaurier.de/:** (ca). **Corbis:** Danny Ellinger / Foto Natura / Minden Pictures (crb). **Dreamstime.com:** Jocrebbin (cr). **98 Dorling Kindersley:** Natural History Museum, London (tr). **Getty Images:** Arthur Dorety / Stocktrek Images (tl). **99 Corbis:** Mitsuaki Iwago / Minden Pictures (tc). **100-101 Getty Images:** P. Jaccod / De Agostini (Background). **102 Corbis:** Franck Robichon / Epa (bl). **Dorling Kindersley:** Andrew Kerr (bc). **104-105 Dorling Kindersley:** Andrew Kerr. **104 Dorling Kindersley:** Museo Paleontologico Egidio Feruglio (bc). **105 Corbis:** Oliver Berg / Epa (bl). **Photoshot:** Picture Alliance (cra). **107 Corbis:** Ken Lucas / Visuals Unlimited (tc, cla). **108 Photoshot:** (tl). **109 Corbis:** Walter Geiersperger (bl); Louie Psihoyos (cr). **111 Dorling Kindersley:** Natural History Museum, London (bl). **Image courtesy of Biodiversity Heritage Library. http://www.biodiversitylibrary.org:** The life of a fossil hunter, by Charles H. Sternberg; with an introduction by Henry Fairfield Osborn (cr). **112 Dreamstime.com:** Igor Stramyk (bc). **David Hone:** (c). **www.taylormadefossils.com:** (tr). **113 Dorling Kindersley:** Royal Tyrrell Museum of Palaeontology, Alberta, Canada (bl). **115 Corbis:** Louie Psihoyos (br). **Dreamstime.com:** Boaz Yunior Wibowo (tc). **116 Dr. Octávio Mateus. 117 Dreamstime.com:** Liumangtiger (br). **Getty Images:** O. Louis Mazzatenta / National Geographic (cr). **118 Photoshot:** NHPA (tl). **118-119 Dorling Kindersley:** Andrew Kerr. **119 Dorling Kindersley:** Andrew Kerr (tl). **The Natural History Museum, London:** (tl). **120-103 Dorling Kindersley:** Andrew Kerr. **122-123 Dorling Kindersley:** Andrew Kerr. **124 Dorling Kindersley:** Senckenberg Gesellshaft FuerNaturforschugn Museum (tc). **125 Dorling Kindersley:** Senckenberg Gesellshaft Fuer Naturforschugn Museum (cr). **127 Alamy Images:** Corbin17 (ca). **128 Corbis:** Louie Psihoyos (cr). **E. Ray Garton, Curator, Prehistoric Planet:** (bl). **Getty Images:** Tim Boyle / Getty Images News (br). **130 Photoshot:** (bl). **131 Alamy Images:** Kevin Schafer (tr). **The Bridgeman Art Library:** French School, (18th century) / Bibliotheque Nationale, Paris, France / Archives Charmet (bl). **132 Dorling Kindersley:** Oxford Museum of Natural History (tr, bl). **Mary Evans Picture Library:** Natural History Museum (cla). **135 Corbis:** Darrell Gulin (bc); Layne Kennedy (br). **Dorling Kindersley:** Oxford Museum of Natural History (tl, cb). **138 Dreamstime.com:** Corey A. Ford (br). **139 Dorling Kindersley:** Natural History Museum, London (bc). **140 Dorling Kindersley:** Senckenberg Gesellshaft Fuer Naturforschugn Museum. **141 Dorling Kindersley:** Senckenberg Gesellshaft Fuer Naturforschugn Museum (tl). **US Geological Survey:** (tr). **144-145 Plate Tectonic and Paleogeographic Maps by C. R. Scotese, © 2014, PALEOMAP Project (www.scotese.com). 144 Dreamstime.com:** Michal Bednarek (bc). **Getty Images:** Kim G. Skytte / Flickr (br). **145 Dorling Kindersley:** Jon Hughes and Russell Gooday (cr); Oxford Museum of Natural History (br); Andrew Kerr (cra). **147 Getty Images:** Danita Delimont / Gallo Images (tl). **148 Dreamstime.com:** Isselee (tr). **149 Dreamstime.com:** Mikelane45 (br). **Richtr Jan:** (crb). **152-153 Dorling Kindersley:** Andrew Kerr. **152 Dorling Kindersley:** Jon Hughes (clb); Andrew Kerr (bl). **153 Alamy Images:** Paul John Fearn (cra). **156-157 Alamy Images:** Jack Goldfarb / Vibe Images (Background). **158 Corbis:** Bettmann (bc). **Getty Images:** Life On White / Photodisc (bc/Wild boar). **159 The Natural History Museum, London:** (cra). **161 Corbis:** DLILLC (bc). **162 Alamy Images:** Natural History Museum, London (bl). **Dorling Kindersley:** Natural History Museum, London (c). **165 Corbis:** Ted Soqui (br). **Dorling Kindersley:** Natural History Museum, London (clb). **166-167 Dorling Kindersley:** Andrew Kerr. **166 Corbis:** Aristide Economopoulos / Star Ledger (clb). **Dorling Kindersley:** Natural History Museum, London (tc). **168 Getty Images:** Roderick Chen / All Canada Photos (cl). **Science Photo Library:** Mark Garlick (cr). **171 Corbis:** James L. Amos (tr); Tom Bean (ftr). **Dorling Kindersley:** Natural History Museum, London (tl). **172 Corbis:** Bettmann (br). **Dorling Kindersley:** Natural History Museum, London (cl, bl, bc). **Dreamstime.com:** Georgios Kollidas (tr). **Getty Images:** English School / The Bridgeman Art Library (cr). **173 Alamy Images:** World History Archive / Image Asset Management Ltd. (tl); The Natural History Museum, London (tr). **Corbis:** Louie Psihoyos (c). **Science Photo Library:** Paul D Stewart (tc/William Buckland, Gideon Mantell). **176-177 Corbis:** Louie Psihoyos. **176 Alamy Images:** Rosanne Tackaberry (bl). **Dorling Kindersley:** Rough Guides (bc). **177 Dorling Kindersley:** Natural History Museum, London (bl). **Getty Images:** Ken Lucas / Visuals Unlimited (br). **Science Photo Library:** Natural History Museum, London (cr). **178 Getty Images:** Roderick Chen / All Canada Photos (tr). **Science Photo Library:** Paul D Stewart (bl). **178-179 Corbis:** Louie Psihoyos (b). **179 Getty Images:** STR / AFP (tl); Patrick Aventurier / Gamma-Rapho (tc/Wrapping in plaster); Jean-Marc Giboux / Hulton Archive (tr). **iStockphoto.com:** drduey (tc). **180 Alamy Images:** Chris Mattison (bc). **Dorling Kindersley:** Natural History Museum, London (cra). **Dreamstime.com:** Gazzah1 (clb). **Getty Images:** Ralph Lee Hopkins / National Geographic (cr). **181 BigDino:** (b). **Corbis:** Brian Cahn / ZUMA Press (cr). **Press Association Images:** AP (cra). **Science Photo Library:** Pascal Goetgheluck (cla); Smithsonian Institute (cl). **182-183 Getty Images:** Leonello Calvetti / Stocktrek Images. **183 Getty Images:** Visuals Unlimited, Inc. / Dr. Wolf Fahrenbach (tr). **190 Corbis:** Sergey Krasovskiy / Stocktrek Images (br). **Dorling Kindersley:** Andrew Kerr (tc). **191 Dorling Kindersley:** Jon Hughes and Russell Gooday (bl). **192 Corbis:** Nobumichi Tamura / Stocktrek Images (ca). **Sergey Krasovskiy:** (tc). **193 Dorling Kindersley:** American Museum of Natural History (bc). **Getty Images:** Mcb Bank Bhalwal / Flickr Open (tr). **195 Corbis:** Louie Psihoyos (cra). **Dorling Kindersley:** Courtesy of The American Museum of Natural History / Lynton Gardiner (br); Natural History Museum, London (cb). **Getty Images:** Bob Elsdale / The Image Bank (cra/Crocodile nest). **196-197 Corbis:** Mark Garlick / Science Photo Library. **196 Alamy Images:** Ss Images (cb). **Science Photo Library:** Mark Garlick (cl); D. Van Ravenswaay (bc). **197 Getty Images:** G Brad Lewis / Science Faction (br) **Dorling Kindersley:** Natural History Museum, London (cra). **Dreamstime.com:** Gazzah1 (clb). **Getty Images:** Ralph Lee Hopkins / National Geographic (cr). **181 BigDino:** (b). **Corbis:** Brian Cahn / ZUMA Press (cr). **Press Association Images:** AP (cra). **Science Photo Library:** Pascal Goetgheluck (cla); Smithsonian Institute (cl). **182-183 Getty Images:** Leonello Calvetti / Stocktrek Images. **183 Getty Images:** Visuals Unlimited, Inc. / Dr. Wolf Fahrenbach (tr). **190 Corbis:** Sergey Krasovskiy / Stocktrek Images (br). **Dorling Kindersley:** Andrew Kerr (tc). **191 Dorling Kindersley:** Jon Hughes and Russell Gooday (bl). **192 Corbis:** Nobumichi Tamura / Stocktrek Images (ca). **Sergey Krasovskiy:** (tc). **193 Dorling Kindersley:** American Museum of Natural History (bc). **Getty Images:** Mcb Bank Bhalwal / Flickr Open (tr). **195 Corbis:** Louie Psihoyos (cra). **Dorling Kindersley:** Courtesy of The American Museum of Natural History / Lynton Gardiner (br); Natural History Museum, London (cb). **Getty Images:** Bob Elsdale / The Image Bank (cra/Crocodile nest). **196-197 Corbis:** Mark Garlick / Science Photo Library. **196 Alamy Images:** Ss Images (cb). **Science Photo Library:** Mark Garlick (cl); D. Van Ravenswaay (bc). **197 Getty Images:** G Brad Lewis / Science Faction (br).

所有其他图片的版权属于Dorling Kindersley公司。